養胎不養肉
瘦孕坐月子

黃雅慧、陳楷曄、何一明◎合著

Contents
目錄

編輯室溫馨提醒

計量單位換算
1公斤＝1000公克
1杯＝240cc
1大匙＝3小匙＝15cc
1小匙＝5cc
書中熱量標示為1人份

Part1

懷孕前：爹地媽咪一起迎送子鳥

Part2

懷孕初期：0 ～ 12 週驚喜心情

Part3

懷孕中期：13 ～ 24 週甜蜜心情

健康的飲食，孕育健康的下一代

　　近年來，食安問題層出不窮，於西元**2011**年五月，塑化劑事件搞得全島滿城風雨之際，接著泡芙使用過期原料，之後接連爆發的毒澱粉、黑心醬油、食用油、食品添加工業用防腐劑，和知名麵包宣稱天然卻加入香精等食品安全問題，連鎖效應般發生，占盡新聞的版面。

　　而消費大眾因為一次又一次的食品安全事件，「增長」對食品添加物的知識。也因為對食品沒有信心，目前開始流行自己下廚烹調食物，各種食品機器如蔬果研磨機，麵包機，製麵機等機器風行。

　　目前臺灣社會呈現少子化，父母在孕育下一代時也越來越用心，從懷孕就要給胎兒足夠的營養及環境，出生之後更是用盡心力。

　　本書以營養師的專業角度上提供準備懷孕及懷孕中夫妻，如何齊心合力迎接新生命，用簡單的方法得到完善的營養而不過度攝取，讓媽媽可以從懷孕前藉由簡單又健康方法的調理食物，調整身體狀態，讓懷孕過程順利。在順利懷孕中隨著胎兒的成長依營養需求調整飲食內容，一直到生產坐月子，讓媽媽身材恢復，更有活力，書中更貼心提供時常遇到的問題解決方法建議，以及提供先生如何在過程中一起參與。

　　站在小兒科醫師的立場上，最關心的是小朋友的健康，第一步當然是從懷孕開始，健康的飲食，孕育健康的下一代，書中簡單健康的食譜可以助益良多。

市立和平婦幼醫院　小兒科主治醫師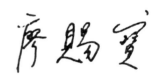

安心快樂瘦孕，寶寶更健康

　　飲食在臺灣，經由網路、電視與報章媒體的渲染，近年越趨成了文化新主流，透過原始本能的滿足，讓人更深切感受到生活幸福美好的一面；但是，因為孕產期攸關寶寶贏在起跑點的第一步，因此如何質量並重，是即將或身為人父母們必須審慎思考的議題。

　　本書，雅慧營養師以專業的角度來切入，並以中肯態度為出發點，強調的是均衡與天然，運用親切的文字及親身的體驗，並搭配兩位專業主廚設計食譜，不僅提供大眾更正向的資訊，也讓孕產期媽咪們自己料理健康餐點更上手，進而避免大環境下未知黑心元素的傷害，真心推薦給現代媽咪們參考的實用飲食書籍指引。

市立和平婦幼醫院　婦產科醫師兼醫務長

養胎不養肉快樂瘦孕百科

　　隨著時代的改變，現代人對飲食的要求不外乎就是「健康」兩個字，免不了都會買一些在地食材自己動手做料理，但不管是從市面上買的，或是自己做的，幾乎都離不開健康飲食。而現在消費者都喜歡講究天然的、有機的、健康的、養生的。因此有很多消費者就會想，當想吃什麼餐點，就買些相關食材回家自己做，但問題就在於容易失敗或做不好，甚至不會做。

　　陳楷暐老師撰寫本著作，以他的專長，及多年料理實務經驗、教學歷程，同時是一位擁有國家專業證照的師傅。深入探究「懷孕」期間各階段所需營養飲食，對身心不適舒緩有一定的建樹。市面上大部分只提供給懷孕媽媽看的書籍，本書特別納入「準爸爸貼心照顧太太」的內容，留意太太懷孕期的營養調膳，共同迎接新生命的來臨。

　　　　　　聖母醫護管理專科學校　校長　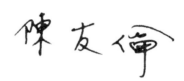

生命延續的美好全在本書

　　陳楷暐老師是蘭陽地區知名的美食專家和烹飪名廚，又是聖母醫護管理專科學校餐旅科最受學生喜愛的專技教師，他不僅學有專精又有豐富的餐飲實務經驗，在課堂上和職場上廣受歡迎。現在他關心到懷孕的產婦如何吃得健康、安全，又有營養，又能控制體重，又能美麗，又能調理身體的食譜設計。如今，這本有關孕婦飲食的實用書籍出版，我覺得意義非凡，樂於向讀者推薦。

　　大家都知道「懷孕」對婦女是重大的喜訊，也是人類生命延續最重要的過程，從懷孕前到懷孕中到生產後，婦女的身體、生理、營養和心情都會有很大的變化，皆與飲食有很密切的關係。許多人也許只知道鼓勵懷孕的婦女多攝取營養，因為考慮到孕婦和胎兒的需要，但如果吃的營養不均衡或熱量過高，或食材不安全有害健康，反而造成對孕婦和胎兒不利的影響。所以這本專為孕婦設計的食譜和養生書籍就真的有參考價值了。尤其書中還針對準爸爸有貼心的建議，如何照護太太產下健康胎兒，確是懷孕夫婦的一大福音，書中每份食譜也都標示出熱量供您參考，非常方便實用。

　　我相信不只懷孕婦女、準爸爸，甚至一般大眾都會喜愛這本好書，並介紹給更多人來讀。

　　　　　　羅東聖母醫院　院長　

孕不能沒有健康，瘦不能沒有美味

　　女人懷孕，相當於男人當兵，可以說是件痛苦又驕傲、甜蜜又傷感的事。痛苦的，莫過於體重失控、身材走樣與承受生產時難以承擔之痛！驕傲的，是花了**280**天，含辛茹苦的將那不起眼的小蛋蛋養的五臟俱全；甜蜜的，看著寶寶那堪勝蒙娜麗莎的微笑，有種「夫復何求」的充實感；傷感的，則是年華不在，轉眼就從青春無敵成了中年少婦。

　　言歸正傳，不論在人生的哪一個階段，「營養師」就像烏龜那重重的殼般，總讓自己不能省心，尤其是一人吃、兩人補的懷孕期，吃多了，為難自己，吃少了，即使是**OK**營養師，也是**NG**媽咪！

　　因此這本書，讓自己覺得好像又生了隻娃娃，內容包含當初為了鬧出人命，在科學與迷信間徘徊，最後發現心情鬆了，方法對了，孩子就來了，到了孕產期間，因為不想以假食物來欺騙味蕾與寶貝，也不願盲從於長輩的叮嚀或酒肉朋友的謬傳，極盡所能的把寶貝最需要，最天然卻不失原味的營養元素巧思於餐飲當中，而這本書的中西多元料理，例如：雞湯菇菌西滷肉、稻荷酸菜拌野蔬、玉米鮪魚蜜蕃茄、黃金松子泡芙等，都是有別於坊間菜單，兼顧美味與健康的特色料理；文中更提醒媽咪們如何處理期間可能面臨，例如：便秘、水腫或餵奶等各種狀況，並針對自己需求選擇適當的秘密武器；最貼心的是透過這本書，準爹地不再無所適從地只能「翹腳當阿爸」了！

　　最後，希望透過《養胎不養肉瘦孕坐月子》一書，能讓大家分享平安與喜樂，讓計畫懷孕時、孕產期、坐月子的飲食找到方向。

臺北市聯合醫院和平婦幼院區　營養師　

作者檔案

【現職】
臺北市聯合醫院和平婦幼院區（營養師）
家有小壯丁，一個孩子的媽

【證照】
中華民國專技高考合格營養師、中華民國糖尿病衛教學會認證營養師腎臟專科營養師、中餐丙級（素食）技術士

【經歷】
新光醫院營養師、專晶科技有限公司（營養諮詢師）

【著作】
《百萬父母都說讚！菜市場的營養學》
《菜市場的營養學2 小學生的營養事典》
《為孩子煮碗湯》、《我要小蠻腰》
《1000卡減肥計劃》

【熱量分析】
《女中醫幫妳做好月子》、《宵夜快樂》
《吃優格保腸道》

【食譜設計】
《孫安迪好好照顧你的腸道》

好男人愛下廚，照護心愛的她

近幾年來，大家都在提倡飲食健康以及簡單的烹調過程，對於現在生產率較低的臺灣孕婦們來說，對「食」越來越講究，如何吃得美味？或是怎麼做低脂、低糖、低油同時能兼顧營養的料理呢？對於孕婦們的健康而言，不會增胖但又要讓肚子裡的小生命得到該有的營養；「坐月子」如何補身又不發胖，且不一定要吃麻油雞的概念下。我很開心能說這句話：「您們的健康就交給我了！」。

在現今的社會有很多不安定因素，比如食品安全問題，在外面吃東西卻怕衛生、食品流向不達標準，就決定自己在家烹調。而這本書是想讓大家了解「懷孕」或「產後」不僅能吃傳統進補的菜，亦包羅萬象的中西菜色可選擇，能將個人的餐飲知識提供給全天下的孕婦知道，是我畢生的榮幸，在製作《養胎不養肉瘦孕坐月子》期間，謝謝聖母醫護專科餐旅科同學林佑男、游承晉協助，也發揮在校所學，達到習中做的學習歷程。

我比較希望本書是家庭煮夫或是想當新好男人的您購買，送一句話給這些好男人：「這本書在手，就能照顧您老婆，亦能增進情感關係！」。

聖母醫護管理專科學校餐旅科　專技教師

天將降大任的瘦孕料理

跟本書結緣，首先該歸功於有個怕胖、愛吃又怕死的老婆，在此之前，吃吃喝喝一向都是隨心所欲，從沒想過「料理」會這麼難搞，簡直是執業二十餘年人生中最大的考驗，用來提升口感的諸多秘密武器，例如：糖、油、雞粉、調味料等，在老婆跟本比眼中釘、肉中刺還無法忍受，讓自己有「壯志未酬身先死」的感慨！

後來，好不容易看到超音波那閃亮的小白點，打算藉著兒子的名義來一人得道、雞犬升天，沒想到面臨的卻是更深的渾水。「老公，你兒子想吃奶酪，但是你老婆不要太多油、糖喔！」、「先生，麻油雞要去皮、麻油得少；湯頭要鮮、但不能有添加物！」、「記得小排骨中的脂肪要剃乾淨。」、「還有，你的寶貝兒子需要天然DHA，但是你親愛的老婆聞到魚腥味會想吐。」……等，讓人做夢都會想哭的叮嚀可以說是繁不及載。於是，在老婆這一番寒澈骨的魔鬼訓練計畫下，意外成就了自己對料理更上層樓的廚藝，並衍生了這本比梅花香還珍貴的書寶寶。

最後，希望透過《養胎不養肉瘦孕坐月子》，啟發孕媽咪及準爹地們更有Idea，可以輕輕鬆鬆找到均衡健康，適合全家人的好味道。

三軍軍官俱樂部　廚師

作者檔案

【現職】

聖母醫護管理專科學校餐旅科（專技教師）、中華民國烹飪協會（理事）、蘭陽美食交流協會 （研發會主委）

【證照】

中餐烹調乙級證照、西餐烹調丙級證照、中式麵食加工丙級證照、一級中式烹調師

【經歷】

新光醫院（月子調理餐）、瓏山林渡假飯店 （主廚）、福朋喜來登飯店（主廚）、香格里拉冬山河渡假飯店（副主廚）、八甲主題休閒餐廳（主廚）、法國藍帶（會員勳章）

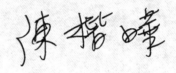

作者檔案

【現職】

三軍軍官俱樂部（廚師）

【證照】

中餐烹調乙級證照、中餐烹調丙級證照、HACCP食品班管理證書、中式烹調國際證照

【經歷】

新光醫院（月子調理餐、治療飲食）虹橋海上啤酒屋、海中天啤酒屋、日月農莊、海霸王飯店（廚師）、法國藍帶（會員勳章）

陰曆月份 媽咪年齡	1	2	3	4	5	6	7	8	9	10	11	12
18	F	M	F	M	M	M	M	M	M	M	M	M
19	M	F	M	F	F	M	M	M	M	M	F	F
20	F	M	F	M	M	M	M	M	M	M	F	M
21	M	F	F	M	F	F	F	F	F	F	F	F
22	F	M	M	F	M	F	F	F	F	F	F	F
23	M	M	F	M	F	M	M	M	F	M	M	F
24	M	F	M	M	M	M	M	M	M	M	M	F
25	F	M	M	F	M	F	M	M	M	M	M	M
26	M	F	M	F	F	M	F	F	F	F	F	F
27	F	M	F	M	F	F	M	M	M	M	F	M
28	M	F	M	F	M	F	F	F	F	F	M	M
29	M	F	F	F	M	M	M	M	M	F	F	F
30	M	F	F	F	F	F	F	F	F	F	M	M
31	M	F	M	F	F	F	F	F	F	F	F	M

陰曆月份 媽咪年齡	1	2	3	4	5	6	7	8	9	10	11	12
32	M	F	M	F	F	F	F	F	F	F	F	M
33	F	M	F	M	M	F	F	F	F	F	F	M
34	M	M	F	F	F	F	F	F	F	F	M	M
35	M	F	F	M	M	F	M	F	F	F	F	M
36	F	M	M	F	M	F	F	F	F	M	M	M
37	M	F	M	F	M	M	F	F	F	M	F	M
38	F	M	F	M	M	F	M	F	F	M	M	F
39	F	M	F	M	M	F	M	F	M	M	M	F
40	M	F	M	F	M	F	F	M	M	M	M	F
41	F	M	F	M	F	F	F	F	M	F	M	M
42	F	M	F	M	F	F	F	M	M	M	F	M
43	M	F	M	F	F	F	F	M	F	M	M	M
44	M	M	F	M	M	M	F	M	F	M	F	F
45	F	M	M	F	M	F	F	F	F	F	F	F

〔清宮生男生女表：F男生、M女生〕

送子鳥，麥走！

　　現代女性事業心較重，連生小孩都要經過精密的計算，簡單拿自己來說，本來想說33歲結婚，34歲懷孕，可以在成為高齡產婦之前生下寶貝，順利的聽到一聲ㄇㄚ ㄇㄚˋ，沒想到計算排卵期，量基礎體溫，忌生冷加服用中藥助孕，吃排卵藥，抽血確認跟先生血液沒有排斥，內診確認子宮內膜厚度⋯⋯等方式多管齊下，竟然無法讓心急如焚的自己心想事成；情急之下，死馬當成活馬醫，好孕綿、好孕服、準備紅棗、花生、桂圓、蓮子（早生貴子），到各處拜訪註生娘娘們，跟神明求花、換肚、制改求籤⋯⋯等，讓同事鄙夷的殺手鐧都使出來了，結果空包彈、流產、強制終止妊娠都沒錯過。終於，在高齡37歲的時候，皇天不負苦心人，我家最年輕的小老頭「阿布豆」含著眼淚（因為出生那一刻被醫師伯伯打屁股）、握著拳頭，讓粗魯的阿姨握著小腳，在兒童健康手冊上踏出他璀璨人生的第一小步！

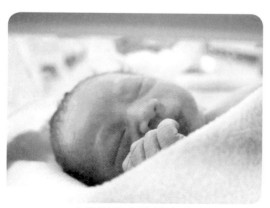

〔我家阿布豆剛出生時的模樣〕

成事在人，拒絕不孕體質

　　快節奏的現代生活模式，速成、有效、好吃與方便超越了一切，包含環境的污染，快節奏的壓力與欺騙味蕾，增加代謝負擔的添加物，動輒用藥、濫用健康食品的不當習慣，讓身體傳承的原始機能變得不再簡單。二、三年肚子沒消息、空包彈、撐不過3個月大關⋯⋯等狀況頻傳，造就不少求子拉警報的心酸血淚史，透過這段引言，傳達的最重要訊息就是「造反」！慢活、放鬆、天然原味與耐心，是自力救濟的第一小步！

好孕避免禁入紅燈區

　　年輕，是創造的本錢，也是身體機能處於最健全的狀態，不但孩子好養好帶又健康，媽咪回復身材的能力，包含皮膚彈性、體態維持也較容易，因此建議30歲前完成，最晚不超過35歲；再來要有良好的生活習慣並保持標準體重，太瘦或過胖都是不容易受孕的體質；不抽菸、喝酒，適度運動、休閒，並避免濫用瀉劑；飲食上除了均衡之外，準媽咪們記得避免寒涼、冰冷食物，因為這是維持溫暖子宮的決戰因素，否則會造成胚胎不容易著床的體質。

信仰與放鬆，讓心靈澄靜

　　禁入紅燈區、盡一切人事後，記得要將休閒與運動列入於日常生活中，適時小度蜜月更是造人成功的終極絕招；最後可以準備鮮花、素果如木瓜（多子多孫）、鳳梨（旺）、蘋果（平安）等，到供奉註生娘娘或臨水夫人的廟宇許願，相信終能成事喔！

爹地媽咪紅燈區檢視

若勾選越多，懷孕機率會降低。

- ☐ 年紀超過35歲。
- ☐ 巧克力囊腫（媽咪）。
- ☐ 經常喝冷飲（媽咪）。
- ☐ 吃大量生菜、燙青菜及瓜類水果（媽咪）。
- ☐ 吃大量龍眼、荔枝、花生，辛辣或高溫烘焙核果類。
- ☐ 油脂攝取量極少（媽咪）。
- ☐ 常吃炸雞、薯條、漢堡、焢肉等高脂食物。
- ☐ 喜歡加工食品、餅乾麵包，少吃米飯。
- ☐ 飲水量< 1500cc/天。
- ☐ 身體質量指數BMI<18.5（過輕）或 >24（過重）。
- ☐ 體重變化大。
- ☐ 經常服藥如番瀉葉、利尿劑、減肥藥、普拿疼、類固醇等。
- ☐ 沒有運動習慣或大量運動，女方體脂肪<15%。
- ☐ 抽菸（包含二手菸）、喝酒。
- ☐ 超時上班、全年無休，或常處於焦慮煩躁狀態。
- ☐ 晚上十二點後才就寢。

滴水不漏，捉住蛋蛋必殺技

排卵期計算法

理論上排卵應該是月經來之前14天左右，考量小蝌蚪、蛋蛋的存活期，「危險期」應該是排卵前後5天，因此找出生理期最短週期，減18天，最長週期，減11天，這期間就是天雷勾動地火的最佳時刻；這方式對生理週期固定的人來說很好用，但是如果週期範圍拉得廣，容易因長期抗戰，而有後繼無力之虞。

基礎體溫測量

通常是婦產科醫師要求事先做的功課，得準備「基礎體溫表」及準確度可以到小數點一位的專用溫度計觀察基礎體溫的變化，以確認排卵機能正常。因為排卵後幾天體溫會提高約0.5℃，所以一旦體溫忽然爬上坡，就得在最短的時間內送小蝌蚪出門，尋找他失落的一角，免得小蛋蛋稍縱即逝。這方式對於急性子的人來說，超級麻煩，因為早上眼睛張開後根本就是分秒必爭的戰場，還得僵直個5分鐘，一旦體溫上升，代表小蛋蛋已經出門了，小蝌蚪是否跑得夠快也是個大問題。

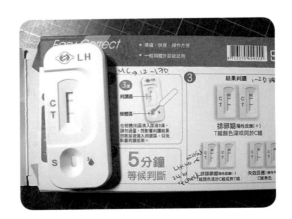

排卵檢驗試紙

有別於基礎體溫的後知後覺，透過試紙測試黃體生成激素（LH）濃度的上升，可以在排卵前1～2天得知，讓小蝌蚪堵上蛋蛋的機會大幅上升，缺點是危險期前幾天就要開始每天驗，連續4～6天還算幸運；生理週期越不規律的人，甚至要驗個10來天，還不見得一次ok，幾個週期檢驗下來，也算是一筆不小的開銷。

如左圖所示，非排卵時段通常只有C線呈色，黃體激素上升到判別濃度時，T線顏色會相當或深於C線。

男孩是寶，女孩更好

想生男寶寶看這邊

決定性別的關鍵基因在於爹地的Y染色體，因為Y染色體不適合酸性的環境，因此坊間有提到女性房事前以蘇打水清潔，有助於提高Y染色體競爭力；飲食上媽咪增加蔬果，補充碳酸鈣；爹地則攝取高蛋白肉類，都有助於男寶寶的到來。

想生女寶寶看這邊

女性基因的X染色體耐酸，數量多，但是游得慢，較Y染色體耐熱，可以跟男寶寶相反的方式來提高機率。飲食上媽咪增加高蛋白肉類；爹地則攝取蔬果，補充碳酸鈣，都有助於女寶寶來臨。

有此一說，因為看到書籍談到男方事先攝取「咖啡因」可以提高生男寶寶機率，因此興沖沖一試，結果，當次小蝌蚪沒有遇上小蛋蛋，但是，小蝌蚪的製作人卻失眠了。

清宮生男生女表

清朝民間流傳之「清宮生男生女表」是以懷孕陰曆（農曆）月份、女性虛歲年齡來預期生出的寶寶性別。因為年齡、時間的侷限，自己並沒有刻意選擇，每一顆蛋蛋都不願錯過，但是以阿布豆出生時間回推，還真的是符合推估的性別喔！（參見P08）

準媽咪們食在好孕

每日飲食指南

各種食物以六大類營養素組成為基準，區分成水果、蔬菜、全穀根莖、豆魚肉蛋、低脂乳品、油脂與堅果種子等，同類食物間可以相互取代，例如：吃蛋、豆腐跟吃肉是相同的，而沒吃到飯，也可以攝取同類的麵、南瓜、玉米等來應變，但是，不同種類如多吃「蔬菜」，並不能取代「水果」對身體帶來的營養價值。

認識六大類食物，均衡飲食不挑食

對六大類食物種類有了概念，就是成功的一半，另一半是記得均衡與適量，如果因為怕胖而拒絕油脂，會讓必需脂肪酸短缺；擔心膽固醇而不吃肉與蛋，會讓建構細胞的元素不夠；為了補充葉酸而大量攝取蔬菜，會造就不利於受精卵的寒性體質。過與不及都沒辦法養出健康卵寶寶，因此，體重控制的媽咪們就算再不甘願，也必須將不均衡的減肥菜單如吃肉減肥、三日蘋果餐、巫婆湯……等束之高閣，請務必，「不挑食、八分飽」！每一餐都要吃飯及油脂，可以參考下頁份量，並減少過多鹽、油、糖種類，才能一兼二顧，完整涵蓋如維生素A、B6、鋅、鎂及抗氧化劑等子宮及卵子所需的各類營養元素。

六大類食物	熱量及三大營養素含量（+：表示微量）			
	熱量（大卡）	蛋白質（公克）	脂肪（公克）	醣類（公克）
全穀根莖類	70	2	+	15
豆魚肉蛋類	75	7	5	+
低脂乳品類	120	8	4	12
蔬菜類	25	1		5
水果類	60	+		15
油脂與堅果種子類	45		5	

〔六大類食物份量部分參考之基準（1份）〕

食物種類	體重控制者建議基本份量	注意事項
全穀根莖類	2份/餐	是身體能量來源的地基，腸胃較不佳者如容易脹氣、噁酸的人可選擇米飯類，而羊大便、容易便秘者，則以全穀雜糧為優先食用。
豆魚肉蛋類	2份/餐	最好可以各種類輪替，搭配低溫短時間烹調，才能保留最原始的營養素，減少身體的負擔與危害。
低脂乳品類	360cc/天	在食物種類中以鈣質、乳清蛋白見優，選擇不調味，不需要特別功能訴求品項，如加鈣、加鐵等，因為特調過的牛奶乳含量較容易被打折，並添加額外的副產品。
蔬菜類	3份/天	盡量變化不同種類與顏色，如綠色的菠菜、地瓜葉、秋葵，白色的蘿蔔、高麗菜、大白菜、菇類，紫色的茄子、紫高麗，紅黃色的甜椒、紅蘿蔔，黑色的海帶、木耳，來達到營養素需求。
水果類	2份/天	時令當季種類，適量攝取。
油脂與堅果種子類	1湯匙油脂，1小把堅果	家用油以小瓶裝植物油為優先選擇，不用調和油；以低溫拌炒或涼拌方式烹調；並將堅果種子列入飲食計畫中。

〔六大類食物攝取重點〕

六大類食物代換份量

全穀根莖類1碗（碗為一般家用飯碗、重量為可食重量）

=糙米飯1碗（200公克）或雜糧飯1碗或米飯1碗

=熱麵條2碗或小米稀飯2碗或燕麥粥2碗

=米、大麥、小麥、蕎麥、麥粉、麥片80公克

=中型芋頭1個（220公克）或小蕃薯2個（220公克）

=玉米1又1/3根（280公克）或馬鈴薯2個（360公克）

=全麥大饅頭1又1/3個（100公克）或全麥吐司1又1/3片（100公克）

豆魚肉蛋類1份（重量為可食生重）

=黃豆（20公克）或毛豆（50公克）或黑豆（20公克）

=無糖豆漿1杯（260cc）

=傳統豆腐3格（80公克）或嫩豆腐1/2盒（140公克）或小方豆乾1又1/4片（40公克）

=魚（35公克）或文蛤（60公克）或白海參（100公克）

=去皮雞胸肉（30公克）或鴨肉、豬小里肌肉、羊肉、牛腱（35公克）

=雞蛋1個（65公克購買重量）

低脂乳品類1杯（1杯＝240cc＝1份）

=低脂或脫脂牛奶1杯（240cc）

=低脂或脫脂奶粉3湯匙（25公克）

=低脂乳酪（起司）1又3/4片（35公克）

油脂與堅果種子類1份（重量為可食重量）

=芥花油、沙拉油等各種烹調用油1茶匙（5公克）

=瓜子、杏仁果、開心果、核桃仁（7公克）或南瓜子、葵瓜子、各式花生仁、腰果（8公克）

=黑（白）芝麻1湯匙+1茶匙（10公克）

=沙拉醬2茶匙（10公克）或蛋黃醬1茶匙（5公克）

水果類1份（重量為購買量）

=山竹（420公克）或紅西瓜（365公克）或小玉西瓜（320公克）或葡萄柚（250公克）或美濃瓜（245公克）或愛文芒果、哈密瓜（225公克）或橘柑、椪柑、木瓜、百香果（190公克）或荔枝（185公克）或蓮霧、楊桃（180公克）或聖女蕃茄（175公克）或草莓、柳丁（170公克）或土芭樂（155公克）或水蜜桃（150公克）或粗梨、棗子（140公克）或青龍蘋果、葡萄、龍眼（130公克）或奇異果（125公克）或加州李（110公克）或釋迦（105公克）或香蕉（95公克）或櫻桃（85公克）或榴槤（35公克）

蔬菜類1碟（1碟＝1份，重量為可食重量）

=生菜沙拉（不含醬料）100公克

=煮熟後相當於直徑15公分盤1碟，或約大1/2碗

=收縮率較高的蔬菜如莧菜、地瓜葉等，煮熟後約佔1/2碗

=收縮率較低的蔬菜如芥蘭菜、青花菜等，煮熟後約佔2/3碗

食品安心，別黑心

在市場美味需求與商機利益的環境驅使下，美味可能淺藏不知名添加物的風險，而高價買到的也不見得健康安心；這種讓人無所適從的飲食生態下，返璞歸真：以「簡單、原色、原味與時令在地」為出發點，似乎是較安全的選擇；此外，「多元食物」除了可以攝取到不同的營養元素之外，還能避免單一危害物質的累積；至於微波食品、半成品、調味食品、加工食品與塑膠、免洗餐具，甚至會干擾賀爾蒙的環境，例如：殺蟲劑、清潔劑或抗生素等，最好都能敬而遠之，才能將身體調整到最佳狀態。

飲食 危害成分	食物來源
基因改造	烹調用油如芥花油、棉子油；黃豆與玉米製品等。
人工色素 銅葉綠素	加工食品如餅乾、麵條、橄欖油、非天然綠色食材如菠菜麵、蒟蒻小卷等。
黃麴毒素	溫濕度儲存不當的玉米、五穀雜糧與核果類。
磷	加工食品、碳酸飲料、麵包糕點等。
反式脂肪	中西式點心、糕餅麵包等。
果糖	包裝飲品、手搖飲品等。

〔 飲食危害來源 〕

卵活力秘密武器

葉酸

是維生素B群的其中成員，攸關核酸合成，和細胞分裂，紅血球製造等重要功能，是所有沒有避孕的媽咪必備的秘密武器，尤其是孕前一個月到懷孕三個月間，研究發現攝取不足葉酸時，會導致新生兒神經管缺陷的比例上升。建議量為400微克，記得每天攝取，因為水溶性的特質而無法讓身體儲存使用。

嚴選優質素材

深綠色蔬菜（例如：蘆筍、甜豆），菇類，糙米、麥粉雜糧、酵母粉、蛋黃、黃豆製品及堅果等。

必需脂肪酸

是指身體無法自行合成的多元不飽和脂肪酸，一般來說是指亞麻油酸、次亞麻油酸，協助細胞膜的組成，膽固醇代謝及生理正常功能等，嬰幼兒缺乏時容易濕疹、皮膚炎，而成人輕者可能容易疲倦、皮膚乾燥、指甲易斷裂，嚴重時免疫力下降狀況。建議量為總熱量的3%（約5～10公克）。

嚴選優質素材

植物油、亞麻子仁及核果等。

Point

營養補給，要小心！

特別是維生素A，懷孕初期如果過度補充會有中毒及致畸胎的危險性，因此不需要特意補充，盡量由天然的深綠黃色食物來攝取。

蛤蜊枸杞蒸絲瓜

材料 │ **2人份**

A

蛤蜊60公克
絲瓜200公克
枸杞3公克
生薑5公克

調味料

A

鹽1/3小匙
米酒1小匙

作法

1　絲瓜洗淨後削去外皮，切成
　　4公分條狀放入耐蒸盤。

2　生薑切絲後泡水；蛤蜊洗淨
　　後泡鹽水約2小時；枸杞洗
　　淨，備用。

3　將作法2材料鋪於絲瓜上，
　　加入調味料A。

4　電鍋外鍋加入水120cc，放
　　入作法3材料，蒸至開關跳
　　起即可。

Tips

· 蛤蜊買回來後需泡鹽水約2小
　時，使其吐沙。

40.5
大卡

懷孕前營養

絲瓜的清甜與蛤蜊的鮮，相得益
彰，絲瓜水分多，清熱消暑，且
具有多元營養素，可幫助皮膚美
白；蛤蠣除了熱量極低、有嚼勁
外，還有豐富的鐵質，是一道熱
量少又具飽足感的低卡餐點。

蠔油塔香拌烏參

材料｜**2人份**

A

烏參200公克

B

青蔥5公克
九層塔5公克
紅辣椒2公克

調味料

A

蠔油2大匙
細砂糖1小匙

作法

1　烏參從中間切開，洗淨後去腸泥。

2　青蔥、九層塔、紅辣椒分別切絲，泡水3分鐘後濾乾水分備用。

3　鍋中加入適量水煮滾，放入烏參，以小火煮3分鐘，撈起後濾乾水分。

4　取一大碗，放入烏參，拌入調味料A，盛盤，再鋪上材料B即可。

Tips

‧先將烏參、九層塔和蔥絲拌勻，會更好吃。

61.4
大卡

懷孕前營養

烏參含有豐富的膠質，口感彈牙、獨具香氣，這一道料理建議還可以搭配黑木耳、寬粉絲，拌點亞麻仁油，就是營養更均衡，又能大快朵頤的優質料理。

蘑菇茄汁煎帶骨豬排

材料 | 2人份

A

帶骨里肌大排2片
（約200公克）

B

鮮蘑菇80公克
甜豆20公克
洋蔥10公克

調味料

A

蕃茄醬3大匙
細砂糖1大匙
白醋1大匙

B

沙拉油1大匙
白酒3大匙

作法

1　洋蔥去皮後切碎；鮮蘑菇切片，備用。

2　鍋內加入調味料B沙拉油熱鍋後，放入豬排，以中火煎1分鐘後翻面，續煎30秒至熟即可盛盤。

3　利用餘油，以小火炒香洋蔥，加入蘑菇炒軟，再加入白酒、甜豆及調味料A炒勻即可鋪於豬排上。

Tips

· 大排可先撒上少許麵粉再煎，能使大排組織更為滑嫩。

357.5
大卡

懷孕前營養

蘑菇、甜豆及洋蔥都是鮮甜又保健的食材。蘑菇具抗氧化，甜豆可幫助腸胃蠕動，洋蔥保鈣降血脂，搭配里肌大排則有豐富的必需胺基酸、鐵質，多管齊下讓身體機能保持於最佳狀態。

菇菇蒸雞卷

99.9
大卡

懷孕前營養

以高蛋白的雞胸肉取代高脂培根
或梅花肉片，少了飽和脂肪對心
血管造成的負擔；薑則有祛寒，
提高代謝的功效，可改善準媽咪
們胚胎不易著床的寒涼體質。

黑棗桂圓燉豬肚湯

165.1
大卡

懷孕前營養

豬肚是高蛋白食材，在中醫上可
以補虛損，健脾胃，搭配參鬚、
紅棗烹調也頗具風味。對於懷孕
失敗的媽咪們，在民俗療法中吃
點豬肚有煥然一新、重新開始的
寓意。

材料｜**2人份**

A

雞胸肉150公克

B

柳松菇40公克
乾香菇5公克
紅甜椒10公克
生薑10公克
綠蘆筍10公克

調味料

A

鹽1/2小匙
米酒1小匙
白胡椒粉1/6小匙

作法

1 柳松菇洗淨；乾香菇泡水；綠蘆筍切5公分長段；紅甜椒去籽與生薑都切絲，備用。

2 雞胸肉切厚度約0.5公分片狀，加入調味料A醃漬10分鐘待入味備用。

3 取一片雞胸肉，包入適量作法1材料，捲起，依序完成所有包捲動作。

4 電鍋外鍋加入水120cc，放入作法3材料，蒸至開關跳起即可食用。

Tips

・可取1小匙太白粉與雞胸肉一起醃漬，雞肉會更嫩。

材料｜**2人份**

A

豬肚150公克

B

黑棗2粒
桂圓4公克
青蔥1支
老薑30公克

調味料

A

鹽1/6小匙
細砂糖1大匙
米酒1大匙

作法

1 將豬肚洗淨，去除豬油備用。

2 煮一鍋滾水，放入青蔥、老薑和豬肚，以中火煮20分鐘，取出泡冷水後洗淨，瀝乾水分後切片，放入耐蒸鍋，加入400cc水備用。

3 電鍋外鍋加入水300cc，放入豬肚鍋、黑棗和調味料A，蒸至開關跳起即可。

Tips

・豬肚可先用白醋泡洗1次，油脂更容易清洗乾淨。

山藥明太子

47.2
大卡

懷孕前營養

山藥富含澱粉、礦物質、消化酵素與可溶性纖維,對於血壓、血糖與血脂的三高族群或解便不順暢者都有好處,而少量明太子則可以在口感上有畫龍點睛的效果。

材料 | 1人份

A　日本山藥100公克、明太子2小匙

作法

1　山藥洗淨,去皮後切成圓形;明太子切碎,抹在山藥上方,鋪於烤盤,備用。

2　烤箱以上火180℃、下火180℃預熱10分鐘,放入山藥明太子,烤5〜7分鐘至明太子酥黃即可取出。

Tips

‧山藥烤太久會失去清脆口感,所以烤到明太子上色即可。

椰漿鮮奶地瓜湯

124.9
大卡

懷孕前營養

低卡高纖維的地瓜含有豐富礦物質與維生素,是營養食材中名列前茅的必備元素。選擇黃皮紅肉或紅皮紅肉的地瓜,甜度與香氣適中,在少量椰漿的襯托下更為可口。

材料 | 2人份

A　地瓜80公克

調味料

A　椰漿1大匙、低脂鮮奶2大匙、細砂糖2大匙、水240cc

作法

1　地瓜洗淨後削皮,切約2×2公分丁,泡水備用。

2　取一個內鍋,放入地瓜丁,倒240cc水、調味料A。

3　電鍋外鍋加入水200cc,放入作法2材料,蒸至開關跳起即可。

Tips

‧地瓜切丁後泡水,燉好的地瓜才不會有黑點顏色出現。

百香愛玉蒟蒻凍

材料 | 1人份

A

百香果2顆

B

愛玉15公克
蒟蒻15公克

調味料

A

養樂多1大匙

作法

1　愛玉、蒟蒻切小丁備用。

2　百香果去頭後，取出果餡和
　　籽備用。

3　果餡和籽、愛玉、蒟蒻與養
　　樂多混合拌勻，填入百香果
　　殼中即可。

Tips

· 可以日本味霖、花枝丁、蝦仁小
　丁取代養樂多、愛玉與蒟蒻。

76.9
大卡

懷孕前營養

百香果香氣濃郁，含有豐富的膳
食纖維、鉀及維生素A，可以幫
助腸胃蠕動，放鬆神經。酸甜的
口感備受女性喜愛，特別適合積
食難消的媽咪們。

Part 2

懷孕初期

0～12週驚喜心情

天時地利人和產出新成員

「啊！你看，你看，兩條線ㄟ……」接著灑花、擁抱、轉圈……等經典畫面就浮上腦海，雖然很老梗，卻也是全天下讓新手父母親最期待的一個橋段；因為在事業忙、盲、茫，分秒必爭，又飲食環境「毒」步天下的現況，要醞釀一隻健康寶寶對現代父母來說，再也不是上一代那樣像母雞下蛋般簡單，孤軍奮戰已經無法成事了，連爸爸也要多看、多聽、多小心，配合天時、地利、人和，做好長期抗戰的準備，才能好好「鬧出人命」。

	寶貝身高	寶貝體重
	公分	公克
第一個月	1	1
第二個月	2	4
第三個月	9	20

〔寶貝成長狀況〕

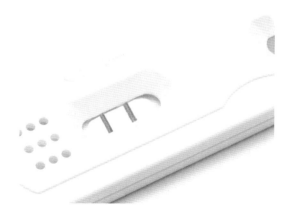

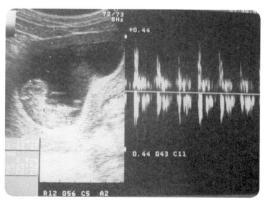

〔噗通、噗通，我有心跳了〕

媽咪寶貝共同成長記事

第一個月，媽咪子宮內膜增厚變軟，胚胎像隻帶著尾巴的蝌蚪；第二個月，視覺、聽力神經漸漸發展、器官分化，大多數媽咪可以透過超音波，看到肚皮內那一閃一閃的悸動；第三個月，美人魚的尾巴收起來了，分化成人模人樣的四肢趾頭，透過寶寶的頭臀長度，預產期也可以更進一步的確認。

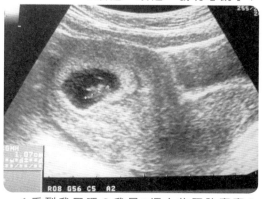

〔看到我了嗎？我是8週大的胚胎寶寶〕

準媽咪必備的營養觀念

「蕾蕾，這藥燉排骨是媽媽一大早從市場買來的新鮮黑豬肉，加上三芝老神醫的藥方，為了我的金孫，千萬記得多吃一點喔！」

「媽，寶寶才看到心跳，8週大小，我已經被您養胖5公斤了。」

「嘿，想當初，我要吃肉還沒得吃呢，免煩惱啦，現在一人吃，兩人補，生完自然就瘦了。」

這段完全不負責的婆媽式叮嚀可是現代媽咪們既甜蜜，卻也很困擾的狀況，有鑑於星媽們孕前孕後一樣美麗窈窕的諸多現身說法，孕期保持美好身段似乎是時勢所趨，是不是該對婆媽的愛心大補湯勇敢說不、朝體重「0」成長的目標邁進呢？

身為營養師的自己，當然也會希望最好能身材不變，肚子看不出來，生出寶寶聰明又健康。但是，適當熱量及營養素的增加，不僅僅讓媽咪們身體乳房、子宮及胎盤健全的生長，也是讓寶寶從零開始的決勝要因，走偏一點點都可能是從小豆芽般大小開始發育寶寶的一輩子遺憾，可別因小失大喔！

營養管理計畫

初期是胚胎器官分化形成的「如履薄冰」關鍵時期，可能會因應害喜而造成體重稍微下降的狀況，但是準媽咪們也別太焦慮，飲食量不需要額外增加，除了避免藥物、過多咖啡因、加工食品或食品添加物……等危害之外，最重要的是補充水分以預防脫水，飲食上以不反胃、新鮮天然、質優於量的方向邁進，大多數媽咪在第3至4個月就會胃口大開，豁然開朗的。

初階孕貝比，活力加倍小奇兵

葉酸

除了孕前建議量之外，這階段要再加碼，以利胚胎寶寶中樞及神經系統的發展健全。建議量為600微克，記得每天攝取，因為水溶性、身體無法儲存的特質而無法保留使用。

嚴選優質素材

深綠色蔬菜，例如：菠菜、蘆筍、過貓等，菇類，糙米、麥粉雜糧、酵母粉、蛋黃、黃豆製品，小米、花生粉及堅果等。

碘

是甲狀腺激素的主要成分，影響基礎代謝、神經肌肉功能及生長發育的能力，孕期攝

	葉酸	維生素C	維生素B6	維生素D	維生素E	碘	鎂	鋅	硒
單位	微克	毫克	毫克	微克	毫克	毫克	毫克	毫克	毫克
基本量	400	100	1.5	5	12	140	315	12	50
增加量	200	10	0.4	5	2	60	35	3	10

〔懷孕初期所需營養素〕

取不足時，可能會讓寶寶肌肉無力、中樞神經傷害，甚至流產、呆小症或死胎；往常因為一般精鹽的強化添加，攝取量基本上並無不足之虞，近年由於健康意識的抬頭，家用多改有健康訴求的其他品項如岩鹽、低鈉鹽、玫瑰鹽等，而外面餐館也因為成本考量，可能進用大包裝而無碘強化的品項，造成國人攝取的短缺，建議量為200微克。

嚴選優質素材

海鮮類，例如：墨魚、干貝、吻子魚，及海帶、海藻類。

維生素 B6

參與體內酵素作用與蛋白質合成，預防B6缺乏導致的貧血，協助營養素代謝及緩和嘔吐，可以說是懷孕初期重要的「媽咪法寶」之一，建議量為1.9毫克。

嚴選優質素材

肝臟如雞胗、豬肉、黃豆製品、燕麥、南瓜、糙米及啤酒酵母、亞麻子仁等。

媽咪避免食用紅燈區

想像著小豆丁說「不行」的卡哇依模樣，媽咪們也得先自我管理喔！在帶球跑路之後，再怎麼粗枝大葉的媽咪們都得熟記禁忌食品來好好捍衛這小豆丁，多吃、少吃都比不上「錯吃」來得嚴重，尤其是需要安胎的媽咪們，更要避免下列食材：

促進子宮收縮

例如：薏仁、山楂、麻油、生冷寒涼冰品等，最好敬而遠之。

生冷食物

生的食物容易因為含有病原菌，而加劇腸胃不適的狀況。

刺激或活血行血食材

如人參、薏仁、當歸（四物、十全等）、黃耆、川芎、王不留行、益母草、桃仁、薑黃、決明子、花茶（玫瑰花茶、薄荷茶、菊花茶、茉莉花茶、迷迭香、艾菊等），川七、番紅花（西班牙的海鮮飯常用、川貝枇杷膏）等，謹慎起見，花草茶或中藥材最好詢問中醫師，確認沒有相關影響後才食用，並避免每天、大量攝取。

影響荷爾蒙

青木瓜（在泰國用來打胎）、韭菜、麥芽等，都不宜大量食用。

影響胎兒發育

酒精最好一點都不碰，因為酒精在胎兒體內及羊水中的濃度是與母親相同的，而小豆丁代謝功能尚弱，所以對胎兒的影響比媽媽還大，可能會造成流產、胎兒智力低下、出生體重過輕、早產等狀況。

體重管理計畫：懷孕初期建議總量0～2公斤

孕期增加的體重約一半是寶寶、胎盤跟羊水，另一半則是媽媽提供寶寶需求而需增加的組織與血液，建議增加量以出生寶寶健康體位、媽媽營養適當為目標，經過嚴謹考量並參考孕前媽咪們的體形而設計，媽咪們如果可以「照表增加」，相當於為寶寶日後良好的發展打下地基。

有鑑於此，孕前體型正常的自己把目標設定在合理範圍的低標：10公斤，因為完美而病態的控制孕期體重並不值得炫耀，研究甚至指出孕前較輕的媽咪如果體重增加不夠，攸關寶寶生產前後死亡率及出生後生長遲滯，潛藏危險的地雷。

Point

懷孕初期嚴選優質低卡食材

芭樂、奇異果、柳丁、鳳梨、蘋果、葡萄柚、蜜柚、梅子、檸檬、愛玉、全麥吐司、燕麥、蓮藕、蘿蔔、豆漿、綠色蔬菜、高麗菜、大蕃茄、小蕃茄、嫩薑。

身體質量指數 BMI

體重（公斤）除以身高（公尺）的平方，建議標準範圍為18.5～24，如身高160公分媽咪，建議的體重範圍為1.6×1.6×18.5～1.6×1.6×24，介於47.6～61.3公斤。

$$BMI = \frac{體重（公斤）}{身高^2（公尺）}$$

懷孕前身體質量指數(BMI)	孕期建議總增重量 公斤	12週後建議增重量 公斤／週
＜18.5	12.7～18.2	0.49
18.5～24.0	11.2～15.9	0.44
24.0～27.0	6.8～11.3	0.3
＞27.0	6.8	
雙胞胎	15.9～20.4	0.7
三胞胎	20.4～25.0	

〔孕期體重增加建議表〕

六大類食物	懷孕第一階段	懷孕第二階段	懷孕第三階段
低脂奶類	1.5杯（360cc）	2.5杯（600cc）	2.5杯（600cc）
全穀根莖類	3.5碗	2.5～4碗	2.5～4碗
豆魚肉蛋類	4.5～6份	4.5～6份	4.5～6份
蔬菜類	3～4碟	3.5～4.5碟	3.5～4.5碟
水果類	2～3個	2～3個	2～3個
油脂類	3～5茶匙	3～5茶匙	3～5茶匙
堅果種子	1份	1份	1份

〔 孕 期 每 日 飲 食 建 議 表 〕

成人的體重分級與標準	
分　　級	身體質量指數
體重過輕	BMI ＜18.5
正常範圍	18.5≦ BMI ＜24
過　　重	24≦ BMI ＜ 27
輕度肥胖	27≦ BMI ＜ 30
中度肥胖	30≦ BMI ＜35
重度肥胖	BMI ≧35

〔 資 料 來 源：
衛生署食品資訊網/肥胖及體重控制 〕

避免生活環境的危險因子，例如：菸酒、藥物及輻射、電磁波等。

千萬「藥」小心

一般藥物是針對幾十公斤成年人所設計的，如果在懷孕初期誤用，子宮內那綠豆般大小的傢伙可無法像吃飯喝水那麼容易代謝的，尤其是受精2週到2個月間器官形成的時候；因此，準媽咪們平日除了不隨意服用藥品、健康食品之外，孕期所有藥物最好確認可服用之等級，並透過婦產科醫師評估確認後再服用。

美國食品藥物管理局藥物分級

安全性A>B>C>D>X；針對懷孕用藥來分級，A級最安全，X級最危險。

A 級

人體研究無致畸之慮。

B 級

動物實驗中不影響動物胎兒，但沒有足夠的人體實驗證據；或是動物實驗中對動物胎兒有不良影響，但人體實驗並無法證實對胎兒有害。這類藥品對胎兒還算安全，許多常用藥物即屬此類，例如：乙醯胺酚（普拿疼成分）。

C 級

透過動物實驗證實對動物具致畸性或影響胚胎，但沒有人體實驗；也可能是尚無動物實驗；這類藥品必須經過醫師審慎評估利弊後使用。

D 級

證實對人體胎兒有危險性，在特殊不得已狀況下使用。

X 級

明確造成胎兒異常的藥物，準備懷孕或孕婦禁用，例如：治療青春痘藥物A酸（Isotretinoin）、降膽固醇藥物等。

準媽咪必備法寶

準備防電磁波衣物，當然，最好的方式是減少用電設備的接觸，前三個月的蛻變期尤其重要，媽咪們可以依照自己需求選擇：托腹帶、內衣褲或圍裙、罩衣等不同樣式。

寶寶給媽咪的見面禮：孕吐

因為人類絨毛促性線激素（HCG）賀爾蒙急速上升的因素，有的媽咪清晨睜開眼睛一動就想吐；有的則是越晚越噁心、脹氣，可能是公車上旁邊那個人的髮油味、也可能回到家是一開門的煎魚味，寶寶一個不如意，隨時都可能啟動媽咪們胃腸收縮機制，讓媽咪們抱著馬桶不能放；大部分會在懷孕第6週開始，在12週的時候緩解，偶爾壓力也會加劇不適。個人覺得這是兒子阿布豆早來的叛逆期，當時怎樣都擋不住，只有睡覺是最佳解方，隔天又是一條活龍。當然，坐以待斃也不是辦法，媽咪們還是可以試試下列方法，如果還是不行，退一步來安慰自己，聽說孕吐越嚴重，孩子越聰明呢！然後數數饅頭，期待第12週害喜的退伍吧！

夫妻一起做好身教言教胎教

對於新生命的來臨，相信爹地的期待不少於媽咪，所以與媽咪從零開始，跟著寶寶聽音樂、閱讀、親子溝通，不僅讓肚子中的寶

寶環伺於溫暖的羊水中，更可以感受到家庭的溫馨。

隨時待命，準備老婆大人想吃的東西

很多爹地除了當兵期，老婆大人孕期也會是一段刻骨銘心，甚至是慘不忍睹的回憶，一聲「老公～」，準沒好事發生，單純的食物如果汁、雞排都是小事，區域指定如淡水的阿給、士林的大餅包小餅……等也可以解決，最氣人的是三更半夜要吃燒餅油條，這讓身為人夫、人父的準爹地們深深感受到傳承使命的艱難啊！

孕吐改善方法

1　晨吐嚴重的媽咪可以在床頭準備較清爽、開胃的蘇打餅乾，張開眼睛時吃個1、2片來以緩解胃酸過多的狀況。

2　避免油炸及重口味，或依個人而異引起不適的特殊氣味食物，例如：大蒜、洋蔥、鹹魚等。

3　適量幫助腸胃蠕動的食物，例如：酸梅、醋醃蘿蔔、泡菜、陳皮、梅子或酸味的水果等。

4　少量多餐，因為過餓或太飽都會有想吐的狀況。

5　飯後2小時避免平躺。

6　乾濕分離，液體食物例如：湯、果汁、飲料避免於餐間同時飲用。

7　避免空氣不流通的場所，及油煙、二手菸等讓人不舒服的氣味。

8　嚴重嘔吐時，千萬要少量多次補充流失的水分與電解質，可以運用水果、果汁、酸甜飲品，例如：運動飲料、檸檬愛玉、百香多多、酸梅湯、梅子蕃茄、檸檬汁等來補充。

9　在醫師處方下使用維生素B6，部分媽咪可以減輕噁心的感覺。

10　如果是工作緊湊、生活忙碌的媽咪們，建議要找到方法適度放鬆，否則，不但苦了自己，還會生出脾氣暴躁、個性急躁的寶寶喔！

南瓜腰果蒸干貝

材料 | **2人份**

A

南瓜300公克
腰果40公克
干貝2粒

調味料

A

鹽1/4小匙
冰糖2小匙

B

腰果40公克

作法

1　鍋內加入適量水煮滾，放入干貝，蓋鍋蓋後熄火，浸泡滾水5分鐘即可撈起備用。

2　南瓜洗淨後去籽，切厚度約1公分片狀，排在耐蒸盤上備用。

3　電鍋外鍋加入水240cc，放入作法2材料，蒸至開關跳起後取出，將泡熟的鮮干貝放在蒸熟的南瓜上。

4　將蒸南瓜的原汁留著，加入調味料A拌勻，與腰果放入果汁機打碎即為醬汁，再淋於南瓜上即可。

Tips

‧用蒸熟的南瓜原汁製作醬汁，可吃到南瓜鮮甜天然原味。

398.2
大卡

懷孕初期營養

腰果可以幫助南瓜中類胡蘿蔔素吸收，還可提供必需脂肪酸、維生素E、鋅與硒等重要孕育因子。清爽的香氣可讓懷孕初期有害喜症狀的媽咪們胃口大開。

金沙墨魚拌蘆筍

材料 | 2人份

A

墨魚120公克
蘆筍30公克
鮮香菇20公克
紅甜椒20公克

調味料

A

細砂糖1/4小匙
鹹蛋黃2顆

作法

1 墨魚洗淨，切約4公分條狀；蘆筍、紅甜椒、鮮香菇切約4公分長段，備用。
2 鍋中倒入適量水煮滾，放入作法1材料，以大火燙熟，取出後濾乾水分，再放入大碗裡。
3 鹹蛋黃排於烤盤，放入烤箱，以160℃烤12分鐘即可取出，用細濾網過篩成粉狀，再放入烤箱，續烤2分鐘後取出。
4 將鹹蛋黃粉、作法2材材及調味料A拌勻即可盛盤。

Tips

・鹹蛋黃烤過，可增加香氣。

95.9
大卡

懷孕初期營養

蘆筍的葉酸對寶寶神經發展可以說是非吃不可的好東西，而少量鹹蛋黃取代了烹調用鹽及油脂，能增添蛋黃香氣；也可以和風柚子醬來變化不同口味。

子薑菠菜拌豬肝

141.5
大卡

懷孕初期營養

菠菜、豬肝蘊藏豐富鐵質，可以
幫助體內紅血球製作，並幫助全
身營養供應，提升免疫力。菠
菜則有維生素B群、葉酸與植化
素，是蔬果類中數一數二的抗氧
化之星。

德式洋芋溫沙拉

189.2
大卡

懷孕初期營養

營養豐富的馬鈴薯有「大地蘋
果」之稱，質地細緻、味道溫
和，其中醣類、維生素B群、
鉀、維生素C有協助神經傳導，
穩定情緒的好處。

材料｜**2人份**

A

豬肝100公克
菠菜80公克
生薑10公克

調味料

A

鹽1/2小匙
香油1小匙
三島香鬆5公克

作法

1　豬肝切厚度約1公分片狀，洗淨；菠菜切約4公分長段；生薑切絲後泡水，備用。

2　鍋中倒入適量水煮滾，以大火燙熟菠菜，撈出後濾乾水分，再放入豬肚，以小火燙熟，撈出濾乾水分。

3　將燙熟食材拌入調味料A、薑絲，盛盤，撒上三島香鬆即可。

Tips

‧豬肝汆燙時可加入少許太白粉，口感會更軟嫩。

材料｜**2人份**

A

馬鈴薯200公克
火腿25公克
洋蔥20公克
青蔥20公克

調味料

A

鹽1/3小匙
法式芥末醬1大匙
白酒150cc

B

沙拉油20公克

作法

1　馬鈴薯去皮，洗淨後切塊，放入內鍋。

2　電鍋外鍋加入水240cc，放入作法1材料，蒸至開關跳起即可取出。

3　青蔥切成蔥花；火腿及洋蔥切碎，備用。

4　鍋中倒入調味料B沙拉油，以小火炒出香氣後，加入調味料A炒勻，再拌入馬鈴薯塊，加入蔥花炒勻即可。

Tips

‧作法4拌炒馬鈴薯時，必須使用小火炒至醬汁完全吸收，才會美味。

蒜味黃瓜拌雞胗

材料 | **2人份**

A

小黃瓜80公克
雞胗100公克
蒜頭5公克

調味料

A

醬油膏1大匙
香油1小匙

作法

1 小黃瓜切約4公分長段；雞
   胗切1公分片狀，備用。

2 鍋中加水煮滾，加入小黃瓜
   及雞胗，以小火煮1分鐘即
   可撈出，濾乾放入瓷碗。

3 蒜頭切碎放進煮熟食材內，
   加入調味料A拌勻即可。

Tips

・雞胗不可用大火煮，用小火泡熟
  即可，否則雞胗容易變硬而影響
  口感。

87.7
大卡

懷孕初期營養

高蛋白低脂肪的雞胗含豐富鐵
質、鋅與維生素E，口感清脆且富
彈性，跟營養素多元的小黃瓜相
得益彰，是對寶寶及媽媽都好的
低卡前菜料理。

稻荷酸菜拌野蔬

材料 | **2人份**

A

四方蜜汁豆皮4個
酸菜30公克
過貓菜150公克

調味料

A

花生粉20公克
香油1大匙

作法

1　酸菜切細絲，泡水5分鐘去
　　除鹹味；過貓菜切除硬梗後
　　洗淨，備用。

2　鍋中加入適量水煮滾，放入
　　酸菜、過貓菜，以大火汆燙
　　1分鐘，撈出後濾乾水分，
　　放進大碗，加入調味料A拌
　　勻備用。

3　將拌好的作法2材料，裝入
　　四方蜜汁豆皮內即可盛盤。

Tips

· 稻荷就是包豆皮壽司的食材，可
　到素食材料店購買。

197.7
大卡

懷孕初期營養

甜甜的豆皮、香香的花生粉與酸
甜的醬菜，讓野蔬纖維變得更有
嚼勁，而花生粉不僅提供熱量，
其中脂溶性維生素、礦物質及不
飽和脂肪酸含量也不可小覷，對
於營養不足的媽咪們，可是食補
好料理。

山藥枸杞鱸魚湯

109.9
大卡

懷孕初期營養

鱸魚在營養學來說富含蛋白質，中醫則有強健脾胃，補肝腎的作用，經常被運用於安胎的滋補料理，非常適合懷孕初期的媽咪們食用。

蓮子小米甜湯

143.4
大卡

懷孕初期營養

蓮子具養心益腎、鎮定安神功效；小米則是傳統滋補食材，具養脾胃，除煩燥，特別適合孕期有噁心、反胃與消化不良狀況時食用。

材料 | **2人份**

A

鱸魚150公克
山藥50公克
枸杞5公克
生薑5公克

B

青蔥5公克

調味料

A

鹽1/2小匙
米酒1大匙

作法

1　鱸魚去鱗及內臟後取魚排,再去除魚刺後切塊。

2　鍋中加入適量水,放入魚肉汆燙,取出後泡入冷水冷卻,撈出備用。

3　山藥去皮後切條;生薑切絲;青蔥切蔥花,備用。

4　鍋中倒入350cc水煮滾,加入材料A、調味料A,以小火煮5分鐘,再加入蔥花即可。

Tips

‧先用滾水汆燙一次鱸魚,再放入新的水中煮,這樣魚湯才會清澈。

材料 | **2人份**

A

新鮮蓮子80公克
小米20公克
紅棗4粒

調味料

A

冰糖2大匙

作法

1　新鮮蓮子、小米洗淨,紅棗泡水,備用。

2　鍋中倒入360cc水煮滾,加入材料A,以中火邊煮邊攪至軟熟約15分鐘,再加入冰糖拌至融化即可。

Tips

‧小米可先浸泡熱水,烹煮時比較容易熟軟。

玉米鮪魚蜜蕃茄

材料 | 2人份

A

小蕃茄10顆

B

罐裝水漬鮪魚片2大匙
洋蔥末30公克
玉米粒1大匙

調味料

A

黑胡椒粒1/2小匙
醬油1小匙
寡糖1小匙
香油1/2小匙

作法

1 材料B放入大碗混合均勻，
   加入調味料A拌勻即為鮪魚
   餡備用。

2 小蕃茄去蒂頭後挖籽，分別
   填入適量鮪魚餡即可。

Tips

‧小蕃茄可以依個人喜好選擇桃太
 郎、澄蜜蕃茄、玉女蕃茄或聖女
 蕃茄

‧鮪魚餡加點酸甜的蕃茄醬會更可
 口好吃。

64.6
大卡

懷孕初期營養

說到鮪魚就非得提到其中的多元
不飽和脂肪酸，是從小孩到老年
人都不可或缺的營養；而孕期到
哺乳階段的媽咪們更該列入每週
菜單中，以補充頭腦及眼睛的必
備元素DHA。

優格草莓薄餅

材料｜2人份

A

蛋1/2顆
低筋麵粉40公克
亞麻子仁1小匙
低脂鮮奶60公克

B

低脂優格100公克
草莓2粒（約30公克）

調味料

A

沙拉油3公克

作法

1 取一個鋼盆，加入蛋、低筋麵粉、亞麻子仁及低脂鮮奶，用打蛋器拌勻成麵糊狀，放置鬆弛30分鐘以上。

2 取一個不沾平底鍋，加入調味料A沙拉油熱鍋，將麵糊分4等份倒入鍋中，以小火煎3分鐘，再翻面煎1分鐘至金黃即為薄餅。

3 將薄餅皮分別放入4個小碗中，填入適量低脂優格。

4 草莓洗淨後去蒂，每粒一開四後鋪於作法3即可。

Tips

· 麵糊表面不沾黏即可取出，代表薄餅已經熟了。

· 低脂優格可至超市購買，也可以選擇自己喜愛的口味替換。

152.8
大卡

懷孕初期營養

色香味俱全的草莓有維生素C與抗氧化植化素，營養豐富；亞麻子仁的必需不飽和脂肪酸則有利於腦部發育、皮膚生長及維持血管正常功能；酸甜的優格更是少負擔、多健康的好食物，可讓媽咪們甜蜜享受輕食點心。

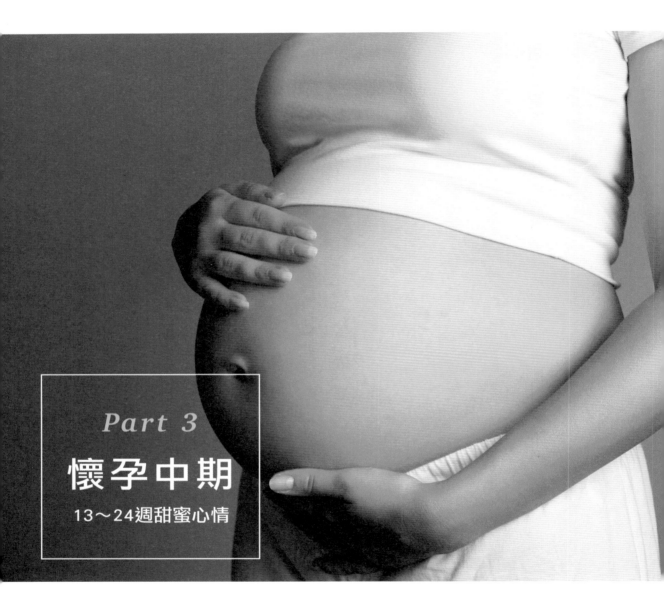

Part 3

懷孕中期

13～24週甜蜜心情

媽咪寶貝共同成長記事

　　四個月，呼～終於渡過了黃金黑暗期，跟貝比簽下平等條約，人模人樣的寶貝小嘴可以哈氣囉！最讓人期待的應該是11～14週的初唐篩檢了，跟自家貝比第一次的深度接觸，媽咪們記得先吃飽，帶著愉悅的心情，不然這迷你小人兒一不開心，不配合露出頸部，可會讓人好一陣折騰的。

　　五個月，跟寶寶甜甜蜜蜜月的新手媽咪會很有fu，第一個fu，是自己的肚皮開始以一暝大一吋的速度在膨脹，甚至ㄋㄟㄋㄟ也有越趨成長的Surprise；第二個fu，就是萬眾矚目的寶貝，會自己尋開心了，敲敲牆壁、游游泳、算算手指頭，都是新鮮有趣的初體驗。

　　六個月，羊水增加，打圈翻滾更是拿手好戲，有時跟媽咪說嗨，有時吸吸手指，還能跟爹地玩玩你敲我打的遊戲呢！

　　飲食上仍然以均衡為地基，也因為寶寶進展到柚子大小，需要更多的營養來幫助成長發育，因此提醒外食族媽咪更要把蔬菜、水果列入每日必備飲食清單，開始補充媽媽維他命與DHA，並慢慢提高活動量，把身體調整到最佳狀態為宜。

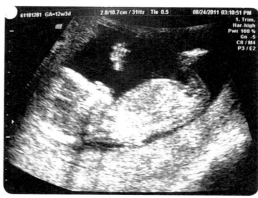

〔 媽咪，四個月的我雖然只有你一根手指長，可是麻雀雖小五臟俱全呦。 〕

	寶貝身高	寶貝體重
	公分	公克
第四個月	16～18	110～160
第五個月	20～25	～300
第六個月	20～24	～650

〔 寶貝成長狀況 〕

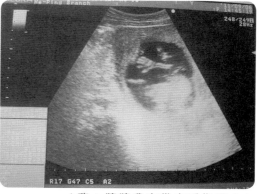

〔 嗨！猜猜我有幾支手指頭？ 〕

營養品比一比

近年研究指出綜合維他命跟新生兒出生體重相關，自己買的，親友送的，媽咪們幾乎人手N罐；但鑒於市售商品紛紜，吃越多，孩子越聰明嗎？媽咪們到底要怎麼吃才好呢？

其實，飲食以均衡為基礎的狀況下並不需要太過擔心；補充過多，有時反而是一種危機，像魚肝油中過多的維生素A就有致畸胎的危險性，而攝取高劑量維生素C下，會讓新生兒出生後無法適應低濃度環境而產生相對性缺乏的情況。因此陪著自家兒子長大的只有一瓶媽媽綜合維他命及DHA而已；建議媽咪們可以選擇有品牌信譽的商品，針對自己或寶寶不足的部分加強，注意劑量不要超過衛生署對國人攝取建議量上限，才能補到重點零負擔。

Point

媽咪肌膚水噹噹的聖品

有此一說，因應皮膚延展的需求，媽咪們可以藉由雞腳、白木耳或魚皮等食物來補充膠質，維持肌膚光澤。

選擇符合需求的補充品

媽媽綜合維他命

媽媽專用維他命跟成人綜合維他命的差別在於強化孕期所需要的葉酸、鐵質及維生素B群，並減少維生素A供應量；唯一要注意的是250毫克的鈣質含量，相較於1000毫克的需求量有較大的差距。

益生菌

近年研究指出可以減少新生兒過敏的機率，因此過敏體質的媽咪們可以適量補充，飲食上避免生冷食、寒涼，可以配合功能性優酪乳來達到防護的目的。

鐵

懷孕後期因應寶寶需求，鐵質甚至提高到平時的四倍之多，因此貧血、容易頭暈、疲倦的情況下，可以適度補強。

魚油

一般魚油普遍包含EPA及DHA，兩者功能性不同，EPA著重於凝血，預防血栓，懷孕後期服用的話要考量生產凝血的問題；而DHA則有助於腦部、眼睛發育，因此坊間DHA強化商品多針對孕哺媽咪或成長兒童設計，選擇時

	熱量	蛋白質	葉酸	維生素C	維生素B6	維生素D	維生素E	碘	鎂	鋅	硒
單位	大卡	公克	微克	毫克	毫克	毫克	微克	毫克	毫克	毫克	毫克
基本量	～1600	～50	400	100	1.5	5	12	140	315	12	50
增加量	300	10	200	10	0.4	5	2	60	35	3	10

〔懷孕中期所需營養素〕

最好除了劑量適當之外，還要注意無汞及戴奧辛污染驗證；來源上，雖然植物性也有DHA來源，但近日研究指出如果針對腦細胞營養補充，可能會以動物性來源較佳；單純由飲食上攝取也可以達到需求，可以把深海魚類如秋刀魚、鮭魚及鮪魚等納入常規菜單，每週攝取約8～9兩，分2次攝取，而較有汞疑慮的旗魚、馬頭魚、鯊魚及鯖魚等，包含再製品如魚丸、魚鬆及鯊魚皮等則盡量避免。

鈣片

懷孕中後期因應寶寶骨骼牙齒發育或媽咪腳容易抽筋的狀況下，可以額外補充鈣片，劑量上避免超過建議上限2500毫克；種類上，有便秘、脹氣困擾的媽咪們，可以檸檬酸鈣取代碳酸鈣，而挑食、要求口感的媽咪們，記得最好先試吃看看，才能找出自己喜歡的味道。

營養管理計畫

中階孕貝比，活力加倍小奇兵

蛋白質

因應寶貝骨骼肌肉發育而增加需求，每天額外一杯鮮奶、一份全穀根莖類就可以達到約60公克的建議量。

嚴選優質素材

低脂鮮奶，黃豆、黑豆製品，蛋、魚、瘦肉家禽家畜類。

鈣質

除了每天喝足360cc的低脂鮮奶之外，搭配

富含維生素D的食物如肉、蛋、肝臟等，適度曬太陽可以協助鈣質吸收，建議量為1000毫克為宜。

嚴選優質素材

動物性食物鈣質來源包括：牛奶、優酪乳、起司、優格、可連骨吃下的魚類，如沙丁魚、小魚乾、帶骨魚罐頭、乾蝦米、牡蠣等；植物性則以豆腐、豆乾、紫菜、芝麻、莧菜、芥藍菜等深綠色蔬菜為富含食材。

維生素 B 群

輔助熱量代謝、紅血球正常運轉及神經傳導的必備營養素。

嚴選優質素材

深綠色蔬菜，例如：菠菜、地瓜葉、小黃瓜等。

體重管理計畫：每週增加 0.3～0.5公斤

卡路里地雷區

特調鮮乳

不知道大家有沒發現，自己在家裡泡的阿華田拿鐵、杏仁牛奶總是沒有店家來得美味，秘訣是機器？老闆的技術專業？還是懶人心理因素？其實，秘訣就在「特調」這兩個字，商家使用的專用鮮乳常常不只是鮮乳，還有額外的鮮奶油、酪蛋白、寡糖或其他口感加分因子，造就讓人垂涎欲滴的濃醇香口感。

飽和脂肪

除了「加重不加價」之外，也是心臟血管代謝負擔的首要通緝犯，在室溫下通常呈現固態的油脂，如牛、豬、雞肉油脂或皮下脂肪，還會隱藏在口感滑嫩的食物中如鵝肝醬、霜降牛肉、松坂豬肉、蛋黃、內臟。

反式脂肪

潛藏於餅乾、糕點、甜甜圈與麵包等食物，特色就是香與酥，是血管硬化，血糖、血脂與血壓三高指數加倍的背後推手；為了未來主人翁著想，也請媽咪們將健康飲食概念從娘胎就開始規劃。

糖

果糖：來自於手搖飲料、罐裝含糖飲品及沖泡飲品，繼脂肪後的重大「食」大惡人，代謝後轉變成脂肪儲存於皮下、血管與肝臟，也是現代泡芙族的主因之一。

其他口感加分單糖類

例如：蜂蜜、楓糖、黑糖等；相較於精緻糖，確實蘊藏較多營養素，但是對熱量也頗有貢獻，僅能酌量食用。

Point

懷孕中期嚴選優質低卡食材

低脂鮮奶、芥藍、紅杏菜、小方豆乾、山粉圓、海參、曼波魚皮、酵母粉、鮭魚、海蜇皮、珊瑚草。

產檢妊娠高血糖

很多媽咪們即使懷了第N胎，仍然不知道為什麼產檢要喝難喝的糖水，怎麼不給杯甘蔗汁來得營養好喝，也有較年輕的媽咪生下寶寶還不曾喝過糖水？為什麼醫師都沒幫我篩檢？血糖的失控是因為隨著懷孕週數的增加，胎盤泌乳素、動情素及黃體素等賀爾蒙濃度上升，身體無法跟著相對應調節而造成的，因此對於高風險的媽咪們，通常會在孕期24～28週做口飲葡萄糖水的檢測。

篩檢方法

尿液試紙

平時每次產檢都會以尿液試紙篩檢，如下圖上排最左邊之藍綠色為正常無尿糖。

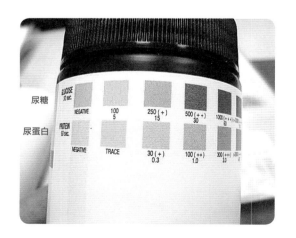

初步篩選

以50公克葡萄糖水測試，篩檢前飲食無需禁忌，喝完糖水1小時後血糖超過標準者，於下次回診時會再開抽血單，以雙倍葡萄糖粉做進階耐糖試驗。

進階篩選

檢驗前三天正常飲食，先空腹抽血，之後喝糖水的第1、2、3小時各再抽1次，如果有2項或以上超過標準則為妊娠糖尿病。

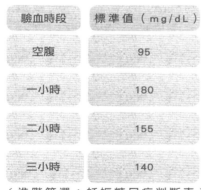

驗血時段	標準值（mg/dL）
空腹	95
一小時	180
二小時	155
三小時	140

〔進階篩選：妊娠糖尿病判斷表〕

簡易診斷

根據近年來實證的建議，有可以75公克糖水來取代50公克、100公克的雙重檢測步驟，除了可以避免確診的延遲，還能讓媽咪們減少一次捏鼻子喝糖糖水的不適。

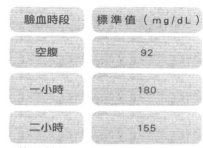

驗血時段	標準值（mg/dL）
空腹	92
一小時	180
二小時	155

〔簡易診斷：妊娠糖尿病判斷表〕

篩檢經驗

個人產檢的醫院目前採雙階式診斷，仗著對食物成分的了解，本來想於檢驗前作弊不吃醣類，以逃避再來一次甜蜜加倍的命運。沒想到，人算不如天算，檢驗值就剛剛好比標準值高1mg/dl。只好在喝糖水當天帶著酸梅、檸檬汁來壓住反胃，結果，真金不怕火煉，四次的檢驗數值都遠遠低於標準值，真不知道初篩到底出了什麼問題？是不是愛唱反調的阿布豆故意對他新手媽咪的捉弄啊！

「甜蜜」媽咪的營養訴求

在被宣告為妊娠糖尿而需要飲食控制的那一刻，相信很多媽咪們的第一反應都是那ㄟ安ㄋㄟ！進而不知所措，為了寶寶、為了不打胰島素，接著開始對醣類敬而遠之，甚至遇過媽咪整天的醣類來源僅僅一顆蘋果加上半碗飯來控制，結果，反而造成母子倆營養不足、情緒不穩定的困境。

其實，醣類確實是血糖控制的要因，除了份量控制之外，選擇低升糖且高營養密度食物的概念也必須具備，才能在份量嚴謹控制的情況下達到最大量的營養需求。

飲食上最重要的就是醣類控制；因為血糖容易在早上偏高，早餐醣類建議量通常較少；此外，還要將醣類食物分散，以避免低血糖產生酮體，通常會建議在睡前喝杯鮮乳，以維持到隔日清晨間的血糖穩定；份量上，依體型與活動量而增減，每餐2～4份全穀根莖類，2～3份豆蛋魚肉；搭配各種顏色蔬菜，適量乳品與新鮮時令水果，並以優質油脂為優先選擇，就可以與血糖和平共處。

餐次	範例
早餐	全麥吐司1片 茶油煎蛋1顆 無糖豆漿1杯
早點	小蘋果1顆 低脂高鈣鮮乳240cc
午餐	燕麥飯8分滿碗 薑汁洋蔥里肌肉片約1/2碗 豆芽蒟蒻炒豆乾1/4碗 松子拌菠菜1/2碗 海帶絲湯1碗
午點	芭樂1/2顆
晚餐	山藥飯約1/2碗 彩椒鮭魚1片 棒棒雞絲（可加海蜇皮、珊瑚草）約1/2碗 茶油秋葵約1/2碗 牛蒡排骨湯（料需限制）1碗
晚點	無糖芝麻奶（無糖芝麻粉、低脂奶粉、三寶粉）

〔一日菜單範例〕

生活照護計畫

孕媽咪衣物小翻新

因應第一個fu，原來合身的貼身衣物已經會讓媽咪們微感困擾，去專櫃購購買高檔商品不見得舒服，美美的尼龍蕾絲布料反而容易造成皮膚搔癢，還得階段性更新Size；建議媽咪們可以買運動型、彈性絲棉材質或無花樣素材的種類，舒適之餘，適用時間也可延長。

至於上衣還不用急著更改，可以原有的高腰娃娃裝、長版A字上衣、洋裝、吊帶褲或寬鬆的T-Shirt為主，搭配彈性內搭褲；而調整腰圍的七分褲、長褲倒是可以購買幾件，選擇重點在於腰側的舒適度與可延展度，要能使用到卸貨前，才能物盡其用。

採購衣物撇步

網購雖然方便，要小心商品跟網路那美輪美奐照片的落差，自己慘痛經驗是開心訂下近千元的褲子，咦，色差！什麼內面線頭、毛球，為了胎教，好，心平氣和。可是，腰線及暗扣處的粗糙質地超「卡」，不但媽咪皮在癢，阿布豆也猛踢。因此，還是眼見為憑，親自試穿，一來可以確認品質，二來也較能找到符合自己的版型。

準媽咪必備法寶

托腹帶

20週肚肚開始吹氣球後，托腹帶的功能越趨重要，包含腹部重量的支撐，對抗地心引力致皮膚造成的拉力，避免因此而形成妊娠紋，還可以降低媽咪們腰脊前傾所造成的腰痠、下腹疼痛的狀況。

選擇上除了要注意長度之外，還要符合自身最迫切的需求，像怕熱媽咪以透氣輕巧為出發點；經常使用電腦或處於電器設備環境，則可以找抗電磁波種類；體重增加較多，腹部肌肉鬆弛或雙胞胎的媽咪們，則要著重支撐力；至於皮膚敏感的媽咪們最好能試戴，體驗舒適度，才能找到最適合自己的法寶。

輕薄簡易型

優點便宜，缺點是易移位（圖1）。

全腹加強型

優點支撐力較佳；缺點則是因為不透氣，有時皮膚較容易過敏（圖2）。

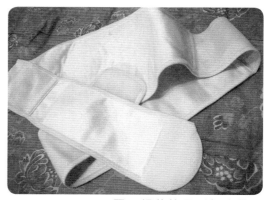

〔 圖1：輕薄簡易型托腹帶 〕

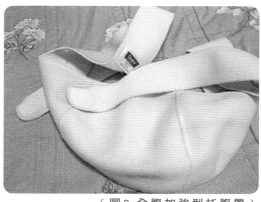

〔 圖2：全腹加強型托腹帶 〕

好用枕

懷孕中期，媽咪們應該深深了解到袋鼠媽媽的艱難，這時除了選擇適合自己肩膀高度的好睡枕頭之外，「靠腰枕」更是提升生活品質必備秘密武器，U、L、S或月亮型等孕哺枕都可善用，材質上盡量避免容易彈性疲乏的棉花，可以到專櫃選擇太空記憶材質產品。

期間個人最喜歡的是厚度夠、彈性佳的狗骨頭，躺著看書時放手肘、小腿肚或頸後，睡時放腳踝或腰側都很舒適；另外，記憶棉的三角厚墊也很推薦，放於椅背支撐腰部，大大舒緩孕期辦公時腰痠背痛的不適。

寶寶頑皮畫：妊娠紋

這是現代辣媽防治重點，妊娠紋的產生是因為真皮層和皮下組織無法配合表皮的伸展，進而在皮膚產生線狀、紫紅色小蚯蚓的情況，尤其是肚皮迅速成長之際，四～五個月時是第一波，稍緩二個月後在八個月又是另一高峰，因此媽咪們懷孕三個月後記得開始使用，如果覺得皮膚腫脹感、搔癢，不想看到五爪蘋果的話就別抓，輕拍即止。

防治首要控制體重上升速度，再加強皮膚滋潤，包含腹部、鼠蹊部、大腿內側、臀部、臀部下方及胸部、胸到腋下等；有些人或許簡單使用嬰兒油、橄欖油或綿羊油即可改善，但有遺傳體質、雙胞胎媽咪或體重上升太快的媽咪們，建議選擇有強化成分如膠原蛋白、胜肽等專用商品，配合由下向上、由內往外均勻按摩來促進血液循環與皮膚彈性，延續使用到產後一個月，才能讓這不速之客狠狠的吃上閉門羹。

選擇妊娠霜撇步

提供幾個判斷好方法，若真的癢到不行時，可以請婦產科醫師開立藥膏使用。

考量膚質及氣候

選擇適合自己膚質的滋潤度，太乾容易癢，太滋潤皮膚會冒違章建築；夏季選清爽的乳液，或沐浴後以潤滑油推全身即可，轉換秋冬季時，再使用高滋潤度商品。

氣味怡人

選擇自己喜歡的氣味，可可味、香草味或無味，避免厭膩的味道而造成不適。

安全認證

選擇低敏感，避免穿透皮膚進而影響寶寶的產品為宜。

常見質性	滋潤度	特點
油 狀	∞	適合沐浴後全身推開。
乳 狀	∞ ∞	質地較清爽，適合夏天使用。
霜 狀	∞ ∞ ∞	適合乾癢皮膚，或冬天使用。

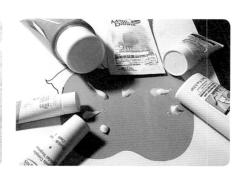

〔 妊娠霜型態判斷 〕

惱人的難言之隱：便秘

隨著懷孕週數的增加，子宮壓迫腸道後可能會遇到的困擾，媽咪們先以下列選項初步檢視是否符合生活解方。

1　水分一天1500cc以上。

2　蔬菜一天3份（約300公克）。

3　水果一天2份。

4　拒絕上火、燥熱或油炸食物，或適量攝取植物性油脂。

5　活動量足夠。

6　固定時間上廁所，培養便意。

如果生活解方完達，依然有不解之結，那麼請媽咪們試試下列進階腸道順暢解方。

1　提早30分鐘起床，適度運動，早晚腹部深度呼吸5分鐘。

2　多攝取順暢食物，特別是容易啟動胃結腸反射的早餐時間。例如：烤地瓜+香蕉牛奶；鮪魚全麥三明治+燕麥奶等。

3　順暢乳品：順暢奶粉、優酪乳、優格等，一天1～2份。

4　順暢主食：例如：地瓜、南瓜、糙米飯、燕麥、全穀根莖類等，一天至少1餐。

5　順暢水果及其他：木瓜、香蕉、蜜棗或異麥芽寡糖等，1天1～2份。

6　順暢蔬菜：青花菜、芥菜與海帶類等，一天至少1份。

7　嚐試下列順暢飲：蜜棗汁、精力湯、蜂蜜芝麻奶（睡前）、木瓜或香蕉牛奶、奇異果多多、草莓優酪乳等。

　　在強化解方下仍無法通樂的媽咪們，嚴禁自行採購瀉藥、健康食品來順暢一下，因為坊間健康食品通常沒有經歷確切的人體試驗，在黑心商品滿天下的現況中，誰知道是否添加違禁成分，千金難買早知道的，因此小丸子務必在產科醫師處方下服用，才能心安理得的解決這不解之結。

拒絕過敏兒

常見過敏症狀皮膚

紅疹、搔癢、濕疹及異位性皮膚炎等。

呼吸道

鼻塞、鼻癢、流鼻水、打噴嚏、鼻涕倒流、中耳炎、氣喘等。

消化道

腹瀉、脹氣、腸絞痛等。

眼部

眼皮癢、腫及黑眼圈等。

在潮濕、致敏原猖狂的環境下，過敏人口日趨增加，飲食要如何能將症狀減到最低呢？首先，沒過敏體質的人不必杞人憂天，以免精挑細選下，反而造成營養素的偏頗，攝取天然、當季與均衡的真食物，拒絕假顏色、假味道的假食品即可；還有，「脾喜溫惡寒」，因為低溫會影響身體酵素的正常運轉，尤其是空腹的狀態，因此早餐可以熱粥類為主來保護胃氣；搭配較有實證根據的乳酸菌及魚油，以盡最大的努力。

Point

過敏媽咪小叮嚀

有過敏體質的媽咪，孕期除了減少冰冷飲品、寒涼瓜果及平日會引發自己過敏的食材之外，可以吃降低身體發炎反應的必需脂肪酸食物，如深海魚、大豆、核桃、亞麻仁等好油，此外，如花生、蝦蟹、芒果、沙茶及辛辣刺激食品等所謂的發物要適可而止，以免加劇過敏症狀。

準爹地貼心照護媽咪

跟著媽咪一起深呼吸

這階段的媽咪，身體及心理壓力的雙重加壓下，可能開始有呼吸喘的困擾，而有過度換氣經歷的自己更是ㄔㄨㄚˋ、勒等，孩子的爸也因此經常陪著自己散步，還準備了舒緩精油及綠藻來提供血氧代謝順暢，大大分擔孕程的不適。

急救花精

可穩定心情，舒緩懷孕後期的呼吸困難。

分享生命初體驗：胎動

爹地這樣說

眾人眼裡的父親，應該是理智而穩重的，但是天知道，透過肚皮的那蚊子般重的一腳，卻讓自己感受到眼眶的濕潤，這陣子被老婆的奴役似乎也不是那麼不堪了，親愛的

寶寶，希望你多聽聽古典音樂、多跟著媽咪讀書，別跟老爸一樣，當個職業級「螢幕粉絲」喔！

寶寶這樣說

我知道自己是寶寶，但是我不認識這個媽咪說要叫爹地的傢伙，只知道那傢伙在的時候，暗摸摸的房子外有時會暖暖的，踢踢那裡，媽咪就會開心的跟自己說話，還有低沉的笑聲，說著自己聽不懂的話，不過沒關係，等我長大就懂了。其實，早八百年前我就在努力跟媽咪溝通了，讓媽咪別老是把房子壓得緊緊的，只是房子太大、自己太渺小，以致於延遲到現在才能得到回應，雖然抗議無效，但至少爹地、媽咪比較會詢問自己的意見了，嗯，總之，會吵的小孩應該有糖吃吧！

胎兒健康指標胎動

正常情況下，<u>寶寶兩、三個小時會有10次以上的胎動</u>，媽咪們記得要當一回事，以免無法及時補救胎盤供氧不足、臍帶繞頸等狀況而造成的遺憾。

早在8週左右，胎兒就會有媽咪無感的動作，伸伸手臂、玩玩手掌、打個哈欠等，16～20週可能是咕嚕一下、稍縱即逝，七個月後讓寶寶綁手綁腳、肚子餓的媽咪，可要隨時準備接受生龍活虎ㄅㄧㄤ、 ㄅㄧㄤ、跳、無影小腳丫拓上肚皮的抗議囉！

預約媽媽教室

可以依需求選擇生產、母乳哺育，新生兒照護等相關課程，建議爹地要陪著媽咪學習「拉梅茲」，否則媽咪臨場劇痛之際，爹地除了著急之外，還真手足無措；另一堂必修課程就是新生兒照護，在媽咪坐月子諸事不宜的時候，可以幫忙抱娃娃、泡奶餵奶、洗澡及換尿布，善盡現代奶爸的職責。

試月子餐，預約收涎、週歲活動

月子坐得好，老公沒煩惱。所以，陪著老婆試吃月子餐是很重要的，聰明的爹地一定要積極參與試吃，因為通常有分享一半的福利喔！預計讓寶寶參加收涎、捉週活動的爹地媽咪們，此刻可以開始收集相關資訊了，以利在最早的時間預約，避免額滿向隅。

陪著媽咪確認坐月子方式

　　一般來說，坐月子是關係著女人下半輩子健康及凍齡的重要關鍵，因此爹地們可要陪著媽咪多觀察比較，好好選擇，可以考量下列說明，再來選擇最適合的著落。

婆婆媽媽照護

優點

　　媽咪生活起居環境熟悉，可以較自在，選擇自己想吃的餐點。

缺點

　　婆婆媽媽觀念較保守，有時會跟現行正確觀念衝突；且兼顧產婦與孫子，容易導致手忙腳亂。

到府服務

優點

　　價格中庸，可以協助烹調指定菜式，大大減輕家事負擔。

缺點

　　無軟硬體設備，較無法判別經驗及專業，到府人員需事先確認口碑。

醫院

優點

　　可以直接於醫院轉護理之家，隨時有醫護人員諮詢、醫師巡房，處理媽咪及寶寶疑難雜症。

缺點

　　硬體設備相較弱於月子中心；且出入院區人口的繁雜，需注意避免感染。

月子中心

優點

　　軟硬體設備一流，調理餐較符合傳統古法；專人24小時照護寶貝。

缺點

　　價格超值，每日費用從三千元到上萬元。

選擇注意事項

　　除了確認政府立案、合理退費方案之外，餐點符合口味，環境上注意房間採光、通風（獨立空調）為佳，衛浴空間舒適安全，環境整潔，硬體設備如電視、衣櫃、音響等；嬰兒室照護人員人力充足及專業度，供應課程及周邊硬體空間如SPA室、圖書室等，都可以列入評選考量。

吻魚干貝燒娃娃菜

材料 | 2人份

A

吻仔魚60公克
娃娃菜120公克
乾干貝30公克

調味料

A

鹽1/2小匙

作法

1　乾干貝泡熱水，用保鮮膜封
　　住熱氣15分鐘後，取出干貝
　　剝絲備用。

2　鍋中加入適量熱水煮滾，放
　　入娃娃菜續煮3分鐘，撈出
　　備用。

3　將泡乾干貝的醬汁倒入鍋
　　中，放入娃娃菜煮滾，待吸
　　進干貝湯汁，再放入吻仔
　　魚、鹽及干貝絲煮熟即可盛
　　盤食用。

Tips

・泡干貝的原汁可以做成干貝高
　湯，用來煮娃娃菜將更有味道

67.8
大卡

懷孕中期營養

吻仔魚容易消化，富含鈣質，對
於容易抽筋的媽咪或骨骼快速發
育的寶寶都有助益。干貝則因含
豐富胺基酸而口感香甜，讓娃娃
菜清爽口感加分。

栗子紅棗燜雞腿

182.5
大卡

懷孕中期營養

栗子養胃健脾,高鉀對媽咪們下肢水腫的不適狀況有所幫助;雞腿則有蛋白質與鐵質,可供應這階段胎兒快速生長發育的需求。

茶油杏菇里肌肉

147.1
大卡

懷孕中期營養

茶油豐富的單元不飽和脂肪酸,堪稱東方橄欖油;而里肌肉以優質蛋白質見長,其中的鐵質對於懷孕中期需求大增的媽咪們可説是「大利」食材。

材料 | 2人份

A

去骨雞腿120公克

B

冷凍栗子80公克

紅棗5公克

青江菜2顆

調味料

A

醬油2大匙

細砂糖2小匙

月桂葉2片

作法

1　去骨雞腿洗淨，切成約3×3公分塊狀。

2　青江菜洗淨，放入滾水中汆燙後取出，盛盤，再將雞腿放入原鍋汆燙，撈出後洗淨。

3　鍋內加水200cc，加入調味料A煮滾，放入雞腿、栗子、紅棗，以小火燜煮10分鐘，待收汁入味即可。

Tips

・燉煮雞腿肉要用小火慢煮，才能入味且好吃。

・冷凍栗子可至乾貨材料行購買。

材料 | 2人份

A

杏鮑菇60公克

豬里肌肉100公克

小黃瓜50公克

綠卷西生菜0.2公克

調味料

A

醬油4大匙

細砂糖2大匙

B

茶油10cc

作法

1　取一湯鍋，倒入840cc水，加入調味料A，放入杏鮑菇、里肌肉，以小火滷15分鐘即可熄火。

2　取出滷好的杏鮑菇、里肌肉，切成厚片備用。

3　小黃瓜切片後擺盤，放上杏鮑菇、里肌肉，趁熱淋上茶油，再淋上作法1的30cc滷汁，鋪上綠卷西生菜即可。

Tips

・烹煮滷汁時宜使用小火慢滷，食材才能入味。

腐衣蒸鮑魚

材料｜2人份

A

白豆包1片（約40公克）
鮑魚兩粒（約160公克）
韭菜20公克

調味料

A

醬油2大匙
細砂糖2小匙
水240cc

作法

1 取一湯鍋，倒入適量水，放入韭菜燙熟，撈出泡入冷水冷卻，取出瀝乾水分備用。

2 鍋中加入240cc水、調味料A煮滾，放入豆包，以小火煮5分鐘後撈起，再用小火煮鮑魚1分鐘，熄火，浸泡5分鐘即熟。

3 豆包捲成圓柱狀，再用韭菜捲好，與鮑魚一起盛盤即可食用。

·Tips

· 鮑魚煮1分鐘後熄火，利用浸泡方式泡熟，才會軟嫩好吃。

142.3
大卡

懷孕中期營養

鮑魚在中醫理論有滋補清熱的功效，還因明目的作用而有明目魚美稱，眼睛容易疲勞的媽咪們可以搭配枸杞攝取，鮮甜的味道更是料理中百搭的美味食材。

和風醬汁烤魚排

材料｜**2人份**

A

鯛魚肉160公克
小黃瓜40公克
紅甜椒30公克

調味料

A

和風芥末子醬5大匙

作法

1 小黃瓜、紅甜椒切小丁。

2 烤箱預熱至170℃，將鯛魚放進烤箱烤10分鐘，打開烤箱，鋪上小黃瓜丁、紅甜椒丁，續烤5分鐘。

3 取出烤盤，盛盤，淋上調味料A即可。

Tips

・和風芥末子醬可至超市購買。

132.4
大卡

懷孕中期營養

鯛魚片低脂肪、高蛋白，肉質細緻，沒有擾人的魚刺困擾，是消化不佳或胃食道逆流時的優先選擇；而小黃瓜與紅甜椒富含維生素C與植化素，具有提升免疫力的效益和功能。

核桃彩椒拌牛肉

174.8
大卡

懷孕中期營養

牛肉因為有容易吸收的鐵質、蛋白質及鋅等,經常被強力推薦給貧血或寶寶體重不夠的媽咪們;核桃的必需脂肪酸對身體及大腦代謝運作來說是營養要素,中醫上也取其形而有健腦的說法。

杏仁豆腐
枸杞甜湯

159.9
大卡

懷孕中期營養

據說杏仁豆腐是深諳養生之道的慈禧太后每日必備甜品,美容養顏兼具,清爽的口感對怕熱的媽咪們來說更是一大福音;還將高鈣的鮮奶巧妙掩蓋在杏仁香氣中,讓不喜歡喝奶的媽咪們也能開心補鈣。

材料 | 2人份

A
牛肉100公克
紅甜椒20公克
黃甜椒20公克

B
核桃丁10公克

調味料

A
橄欖油1大匙
陳年葡萄醋4大匙
鹽1/4小匙

作法

1　牛肉、紅甜椒、黃甜椒切約2×2公分小丁。

2　取一湯鍋，倒入適量水煮滾，放入材料A，轉小火煮約2分鐘後取出濾乾水分，放入大碗。

3　加入調味料A攪拌均勻，盛盤，最後撒上核桃丁即可。

Tips

・煮熟的食材趁熱拌上陳年醋會更有香氣。

材料 | 1人份

A
低脂鮮奶60公克
水1800cc

B
玉米粉25公克
水80cc

調味料

A
冰糖3大匙
杏仁露2小匙
水360cc
枸杞0.5公克

作法

1　材料A倒入鍋中，以小火煮滾。

2　將材料B調勻，沖入作法1，快速拌勻，熄火後倒入容器。

3　待冷卻，再放入冷藏室約4小時凝固，即可取出切小丁。

4　調味料A放入湯鍋煮滾即為甜湯，再分裝於小碗中，加入作法3材料即可食用。

Tips

・杏仁露不宜久煮，才能保留香氣。

甜菊鮮奶茶凍

75
大卡

懷孕中期營養

每天1～2杯鮮奶可以緩解孕期媽咪腳抽筋及睡眠不佳的情況，而國寶茶香氣宜人、零咖啡因，是媽咪們孕哺乳期零設限的茶飲；直接沖泡成熱熱的鮮奶茶也很可口。

材料 | 2人份

A　低脂鮮奶300cc、南非國寶茶1包、吉利丁1.5片

調味料

A　甜菊葉 1小片

作法

1　吉利丁泡入冷水待軟化，立即取出，瀝乾水分備用。
2　鮮奶倒入湯鍋，以小火加熱，熄火，放入南非果寶茶包、甜菊葉，浸泡至茶包出色後，加入吉利丁片，攪拌至融化，再倒入容器。
3　待冷卻，再放入冷藏室約4小時凝固，即可取出食用。

Tips
· 可以依個人喜好，搭配綜合水果丁或無糖果醬一起食用。

紅棗養生
仙草燉雞湯

123.2
大卡

懷孕中期營養

仙草清熱涼血，適量飲用可紓解胎熱媽咪們的不適；而紅棗的醣質，例如：阿拉伯聚糖、半乳醛聚糖等，則有利滋補，可以養肝、穩定情緒與增加抵抗力。

材料 | 2人份

A　雞腿肉150公克
B　紅棗4粒、仙草汁400公克

調味料

A　鹽1/2小匙、米酒1大匙

作法

1　雞腿肉切塊，放入滾水，以中火汆燙1分鐘，撈出後泡入冷水，取出瀝乾水分再放入內鍋。
2　電鍋外鍋加入水300cc，放入作法1材料，加入材料B，蒸至開關跳起即可。

Tips
· 紅棗可先用剪刀劃十字，在燉煮過程中更能使紅棗的甜味釋放出來。

鮮果杏仁南瓜盅

材料 | 1人份

A

栗子南瓜250公克
有機蘋果30公克
杏仁粒1小匙

調味料

A

赤藻糖醇0.5小匙

作法

1　南瓜洗淨，去皮後切塊，放入內鍋，再放入電鍋，外鍋倒入200cc水，蒸至開關跳起，即可趁熱搗成泥。

2　蘋果洗淨，不去皮切小丁。

3　蘋果丁與南瓜、赤藻糖醇一起拌勻，再壓入寬口杯子，最後撒上杏仁粒即可。

Tips

・栗子南瓜果肉濃郁且香甜，若買不到，需挑選水分較少的品種，或以黃地瓜取代。

・蘋果也可以燙熟的蝦仁或花枝丁取代，別有一番風味。

・赤藻糖醇是安全性較高的甜味劑，可到超市購買。

185
大卡

懷孕中期營養

綿密中帶點香氣且口感富彈性的栗子南瓜，搭配清脆的蘋果與香濃的杏仁粒，讓餐點層次豐富，口感驚豔，豐富的水分與細緻的纖維還能助長腸道健康菌叢生長，降低過敏體質產生的機率。

Part 4
懷孕後期
25～40週期待心情

媽咪寶貝共同成長記事

　　寶寶活動空間變小了，有時候媽咪又把肚子綁得緊緊的，似乎得透過敲門，來讓老媽正視這生命共同體合理活動空間使用的問題。35～37週的媽咪，需要內診做乙型鏈球菌的篩檢，以便事先防治，避免生產時直接感染給寶寶。

	寶貝身高	寶貝體重
	公分	公克
第七個月	35～38	～1000
第八個月	40～43	1500～1800
第九個月	45～46	2300～2600
第十個月	～50	3000～3500

〔 寶貝成長狀況 〕

媽咪與寶寶開始說悄悄話

愛水孕媽咪的話

　　親愛的小布豆，為了營養師的面子，這個月拼命地把肚子勒緊，「咕嚕、咕嚕！聽不到、聽不到！那不是肚子餓的聲音……」，但咱家小布豆還是步步高升，真不知是該喜還是憂？最讓媽咪頭疼的是你這頑皮的小子老愛亂踢，繼初期害喜後又進入了不吐不快、頻尿、腿跟痛，跛腳等狀況都出來了。唉，該是上輩子欠你的吧！

　　只是，媽咪考試時記得別偷懶，因為觀察胎動是媽咪每天必做的課業，娃兒沒動是比天塌下來還恐怖的事情，只好無所不用其極來讓你起床。最後，有沒聽過「學音樂的小孩不會變壞？」，所以媽咪準備了古典音樂、水晶音樂，甚至佛經……等來啟發小娃兒的素養，只是小娃兒好像沒個賞臉，只好親自唱兒歌給小布豆聽囉！

寶寶這樣說

　　親愛的媽咪，經過這些日子朝夕相處與密切的觀察，娃兒發現媽咪非常自私，罔顧您兒子對珍珠奶茶、蛋餅、起酥蛋糕這些人間美味的喜愛，老是丟些五顏六色的草來餵我。我不是牛，不要吃那麼多草，您看，連您的胃酸都在告訴您太寒了（其實一部分是我搞的鬼，嘿嘿嘿……）！

Part4 懷孕後期 **63**

再來討論媽咪老是讓我肚子餓的民生大問題，小時候還會拳打腳踢以示抗議，現在的我已經知道媽咪不爭氣、寶寶當自強了。所以拼命鼓吹您肚子裡的饞蟲攝取糖分，因為我需要大量的Energy來迎接日後的挑戰，雖然有時還是被媽咪餓到睡不著，但在個人的點滴必爭之下，體重還比同期的娃娃們超前呢！很爭氣吧，哈哈哈，只是不小心也把您的肚皮撐到破百，讓您像隻青蛙媽了。但我有注意沒有在您的肚皮劃紋路喔！

目前的我已經是個頂天立地的男子漢了，腳踢媽咪胸口，頭頂子宮頸（沒辦法，我的世界就這丁點大），有時候伸展的太忘情還會踹到媽咪的膀胱、直腸、胃，甚至拉扯到腿筋讓媽咪ㄅㄞ腳，以致被捧以示教訓，嗚！人家又不是故意的。

然後，請老媽不要從娘胎就給我考試，要嘛用光線試探我、不然就要我回應拍兩下，東戳戳、西捏捏的，會癢ㄟ，討厭。我覺得自己還小，應該不需要現在就面臨這種壓力吧！

最後要回應的是音樂素養這件事，雖然媽咪每天都會唱超幼稚的小星星、小雨點等給我聽，呼喚我起來運動，個人聲明一下，不是不想回應，只是有時候真的很催眠。媽咪一定不知道「睡覺是成長之母」吧！所以，就算我「偶爾」不賞臉，媽咪也別惱羞成怒搔我腳底板，這樣會造成我睡得太少而輸給同儕喔！

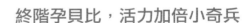

營養管理計畫

終階孕貝比，活力加倍小奇兵

鐵質

因應媽媽血液量增加及寶寶儲存的需求而大幅上升，攝取不足的媽咪容易疲倦，抵抗力降低，還會影響寶寶日後的生長發育，建議量為42毫克。

嚴選優質素材

紅肉（例如：牛肉、豬）、動物血液（例如：豬、鴨血）、蚵、蛋黃、肝臟類、豬血糕；豆乾、紅豆、麥片、黑芝麻及深色蔬菜等。

維生素 C

可以幫助鐵質的吸收，並吸收轉化為膠原蛋白，建議量為110毫克。

木瓜、芭樂、聖女蕃茄、草莓及柑桔類水
果；綠豆芽、小黃瓜、甜椒，油菜花、花椰
菜等。

膳食纖維

是腸道健康的優質守門員，因其大量體積可
以推動腸道蠕動，還能幫助腸道好菌生長，健
全人體第二大免疫器官，建議量為25～35公
克為宜。

嚴選優質素材

蔬果（例如：玉米筍）、山粉圓、珊瑚
草、菇類；奇異果、鳳梨、石榴、百香果、
芭樂、紅心芭樂等；全穀根莖如糙米、燕
麥、牛蒡、蓮子、地瓜、芋頭等；豆類（例
如：花豆、紅豆、綠豆、米豆、黑豆、黃
豆、毛豆）。

	熱量	蛋白質	葉酸	維生素C	維生素B6	維生素D
單位	大卡	公克	微克	毫克	毫克	微克
基本量	～1600	～50	400	100	1.5	5
增加量	300	10	200	10	0.4	5

	維生素E	鐵	碘	鎂	鋅	硒
單位	毫克	毫克	毫克	毫克	毫克	毫克
基本量	12	12	140	315	12	50
增加量	2	30	60	35	3	10

〔懷孕後期所需營養素〕

體重管理計畫：每週增加 0.3～0.5公斤

好澱粉多健康，壞澱粉加負擔

對於越無法控制體重的媽咪們，可能會擔心吃「飯」會壞了身材，只好在餐間吃點小點心來止飢，卻沒想到反而會「適得其反」，快速消化吸收成脂肪囤積。

天然的澱粉除了醣類，還有豐富的纖維素、維生素與礦物質，甚至是抗性澱粉，可以穩定全天的情緒與血糖，是媽咪們不得不吃的好東西。

優質主食「IN」

包含穀類（米、麥、雜糧等）、根莖類（地瓜、芋頭、山藥、南瓜等）及富含澱粉的豆類（綠豆、紅豆、花豆等），建議一天至少一餐來自於非精緻種類，可以讓腦袋、寶寶及身體處於平和、穩定的狀況。

精製澱粉「OUT」

經過物理、化學方式幫營養素打折，甚至加糖、油來親近味蕾，是媽咪們「致肥」的殺手，因此澱粉除了減少精緻種類及加工品之外，如果購買加工食品時記得停、看、聽，確認保存期限，儲存溫度適當，並包裝完整，此外，符合下列任一項，建議還是避免選購。

「IN」

「OUT」

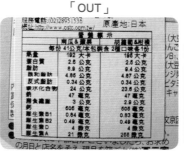

「OUT」

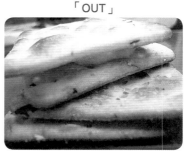

分類停看聽	建議量	食物範例
簡單精緻	適量	白飯、白麵、白吐司、蛋餅皮等。
加味精緻	少量	雜糧餅乾、蔥抓餅等。
過度精緻	禁止	中西式糕點，奶酥、奶油、墨西哥、椰子、菠蘿、巧克力等甜麵包，夾心餅乾、蛋卷、乳酪餅等。

〔 精緻食物判斷與分類 〕

Point

懷孕後期嚴選優質低卡食材

雞腿肉、文蛤、綠豆芽、綠花菜、甜椒、蒟蒻、地瓜、南瓜、紅豆、蓮子、香蕉、櫻桃。

看標示

　不管是否全穀、雜糧、含纖或多昂貴的商品，如果含反式脂肪，弊還是大於利。

看成分

　酥油、氫化椰子油、轉化油、豬油或過多色素、添加物。

生活照護計畫

準備待產包

　首要確認生產醫院供應用品與住院期間必備品，部分醫院會供應相關耗材，例如：產後衛生棉、生理沖洗瓶、尿布等，再依不足之處準備短缺物品，如下所示。

媽媽包 *mommy bag*

薄外套與全身裝備

　出院時，依季節準備帽子、口罩、束腹帶、脫鞋及襪子等，寒冬還可備暖暖包以避免受風寒。

看護墊

　避免產後惡露沾染床單，可以依照需求選擇適合的size，一般使用約1～2包，每包為10片裝，剩餘的可以日後當外出換尿布墊使用。

貼身衣物3套

　包含哺乳內衣與生理褲（免洗褲），如剖腹產不敷使用時，再請家人準備。

個人保養與盥洗用品

　因應醫院中央空調，皮膚容易乾燥，乳液與護脣膏是基本需求，還要持續使用妊娠霜；其他包含住院所需之毛巾、衛生紙、牙刷、臉盆及拖鞋等。

生理沖洗瓶

　產後如廁時，沖洗傷處使用。

個人餐具、點心與營養品

　水杯、碗筷、湯匙、水果刀；即食穀粉、薑母茶、黑糖類點心；媽咪綜合維他命等。

產後衛生綿

　可以先準備1～2包產後專用衛生綿，也可以夜用、長度較能延伸到屁屁下的衛生綿替代，選購時避免中間凸出造型款式，會摩擦傷口；配合惡露量減少後慢慢調整到28、25、24公分，逐漸更換到平日使用生理期使用商品，而為了避免傷口感染，一定要注意吸透性並勤加更換。

電子設備

　例如：手機、相機、充電器及平板電腦等，不過為了保護眼睛，最好多閉眼休息為宜。

寶寶包 *baby bag*

NB 型號尿布

符合新生兒屁屁大小為宜，每次購買一包，以免寶寶成長速度太快，而造成不必要的浪費。

保暖衣物、小帽子

寶寶出生時，及出院時使用。

護手套

避免寶寶把自己弄成小花貓。

奶嘴

選擇出生嬰兒型，以備不時之需。

小方巾

新生兒脖子跟下巴空間不大，不方便使用圍兜兜，因此餵奶時可以摺疊小方巾墊於下巴使用。

保濕乳液

剛脫離母親羊水的環境，皮膚容易脫皮乾裂，可備乳液或凡士林塗抹。

出院裝備

小襪子、紗布衣、包屁衣、兔裝或包巾、冬天需備外套及厚包巾等。

準媽咪必備法寶

胸部按摩乳液或按摩油

選擇天然，無添加物的為優，在懷孕最後階段配合按摩可以疏通阻塞的乳腺，預約母乳的通暢。

當初個人秉持著船到橋頭自然直的念頭，想說餵奶應該跟吃飯、喝水一樣簡單吧！結果，人算不如天算，兒子吃奶力氣、含乳姿勢一百分，他老媽卻全身緊繃、痛不欲生。最後，小的哭著看得到、吃不到，老的哭著自己中看不中用。期間幾度想求助於配方奶粉，無奈母嬰親善的環境驅使下，只好把自己的ㄋㄟ ㄋㄟ當成別人的，上推下壓、C型扭轉、360度拇指滑壓還不夠，外側下緣硬塊一定要推散，左右邊各15分鐘後，高麗菜葉冰敷30分鐘，再推！手扭了，掛上護碗，繼

大象腿走開，拒絕下肢水腫

媽咪們要讓自己不積水，首要三級防治，一級是飲食要以高蛋白、低鹽的方向選擇，喝水時取溫水，小口慢慢喝，再佐以如紅豆水、冬瓜或綠豆湯等利尿湯飲幫助身體多餘水分排除；二級是適度活動，避免如翹二郎腿，或久坐久站等影響血液循環的姿勢；三級是適度支持，穿著靜脈襪，適合腳型、舒適的厚底鞋，並於睡前將腿部墊高讓血液容易回流。

拒絕象腿檢視表

確實做到以下項目，將逐漸遠離大象腿狀況。

☐ 沒有吃醃漬高鈉食物，例如：醬花瓜、菜心、醃蘿蔔、酸梅、雪菜、培根、火腿、肉鬆、小魚乾、漢堡肉等。

☐ 沒有吃高鹽餐點、菜式，例如：滷筍絲、梅干、紅燒肉、紅燒魚、糖醋肉、糖醋魚、鹽豬肉、菜脯蛋、蚵仔麵線、泡麵、披薩等。

☐ 沒有喝湯超過三碗，也沒喝湯麵，吃燴飯、炒飯、炒麵等。

☐ 沒有喝高鹽分飲料，例如：梅子汁、加鹽蕃茄汁、運動飲料等。

☐ 有喝紅豆水、綠豆水或低鹽冬瓜薑絲湯。

☐ 有在白天穿靜脈襪。

☐ 有在睡前做腿部運動，並墊高小腿。

續！就這樣日以繼夜自虐了36小時，終於，皇天不負苦心人，幾滴乳黃色、濃稠的膿狀物慢慢沿著玻璃瓶垂下，雖然可能連1cc都沒有，護理師還是好心的加水稀釋給兒子吃，這可以說是一段慘痛的母乳哺育血淚史。

乳首修護膏

基本上乳首破皮不嚴重時，可以取以些許母乳塗抹，因為母乳是最天然有效的抗菌修復乳，市售商品大多為羊脂膏，偏像濃稠、滋潤的凡士林，選擇上以天然、小包裝、有廠牌為優先。

試吃彌月油飯或蛋糕

許多商家會供應懷孕後期媽媽試吃，可以洽詢試吃商品，以便訂定未來的滿月禮。

遠離胃食道逆流

隨著寶貝的成長，媽咪們腸胃會漸漸受到壓迫，或因為賀爾蒙改變而導致腸蠕動減緩、胃賁門括約肌放鬆，而造成胃酸迴流的狀況；這時候除了少量多餐、乾濕分離（吃飯時不飲湯、飲料），飯後避免平躺之外，飲食上要秉持中庸之道，太甜、太油、太硬、太酸、太辣都必須排除在外，刺激胃酸分泌或不容易消化的食物，例如：西瓜、椰子水、紫菜、紫米、糯米、油飯等可能都要敬而遠之，以免加劇不適。

準爹地貼心照護媽咪

認識產兆、確認就醫路線

臨盆對新手父母來說，不論事先做多少準備，都無法不緊張，因此，除了認識產兆，知道何時要帶著老婆飆車去生產之外，就醫路線、停車地點、報到程序一定要事先確認，包含需準備就診行李、安裝嬰兒座椅或提籃。身邊的老婆光抱著肚子疼痛都來不及了，如果準爹地這時還要找媽媽手冊、相機、找停車位、急診地點，可要有老婆大人大發雷霆的心理準備。

跟家中大朋友分享新生命的喜悅

媽咪在孕期時，可與家中小小孩一起分享新成員的點點滴滴，開導大朋友抱持著期待友愛與照顧愛護的態度，日後才不會因為爭寵忌妒而成為媽咪的阻力。

爸爸包 *daddy bag*

除了清楚媽咪的入院證件，例如：健保卡、媽媽手冊及兩人身分證正本、影本之外，還要記得把必備連絡人電話輸入手機，準備好車鑰匙及「鬧出人命案發現場」之攝影設備即可。

協助準備新生兒用品

奶娃食衣

奶瓶消毒鍋、奶瓶、奶嘴、奶瓶刷、奶嘴刷、紗布衣、包屁衣、兔裝、外套、手套、襪套、帽子。

奶娃住行

嬰兒床、床單、手提搖籃、娃娃車、嬰兒棉被、嬰兒枕（枕頭套）、蚊帳。

其他

NB型號尿布、小方巾、嬰兒乳液、沐浴用品、浴盆（浴網）、凡士林、脹氣膏、溫度計；另可備3～5cc針筒，一隻不超過10元，相較於市售上百元餵藥器好用多了。

Point

醫師說寶寶比較嬌小,需要多吃肉類嗎?

經醫師檢查説明自家寶寶偏小的父母們,先不用擔心,可先看看是否夫妻體型都是小個兒;如果不是的話,請媽咪們檢視飲食是否建議完達,依照不足處適度加強蛋白質或水果,但如果是胎盤血流比較不足者,則要多休息少憂思,聽從醫囑建議來栽培小豆苗。

泰式南瓜拌牛肉

111.6
大卡

懷孕後期營養

酸甜的泰式口感可以促進腸胃蠕動，避免懷孕後期胃脹不適的狀況；牛肉則補充鐵質，增加身體含氧量而舒緩呼吸急促的狀況；南瓜、小黃瓜則取代太白粉、洋蔥，讓孕期料理更有變化。

日式味噌烤雞腿

126.8
大卡

懷孕後期營養

高蛋白、鐵質的雞腿相較於澀澀的雞胸肉，口感香、帶點勁，在味噌、米酒與檸檬汁的浸潤下去除肉質腥味；配合高溫烘烤逼出動物性油脂，是一道美味加倍、健康加分料理。

材料 | **2人份**

A

南瓜50公克

小黃瓜30公克

牛肉130公克

調味料

A

新鮮檸檬汁1大匙

泰式燒雞醬3大匙

作法

1　南瓜洗淨削皮,去籽後切薄片;小黃瓜切斜片;牛肉切薄片,備用。

2　南瓜片以3公克鹽醃漬10分鐘出水,再去除鹽水。

3　將南瓜放入滾水中,以中火煮1分鐘,轉小火,再放入牛肉片續煮1分鐘,全部撈出瀝乾水分。

4　將作法3材料放入大碗中,加入調味料A拌勻即可盛盤。

Tips

・牛肉片可以先加入少許太白粉,可保持肉質軟嫩。

・泰式燒雞醬為開胃調味料,可至超市購買。

材料 | **2人份**

A

去骨雞腿180公克

B

菠菜30公克

紅甜椒3公克

黃甜椒3公克

調味料

A

味噌80公克

細砂糖2大匙

米酒2大匙

新鮮檸檬汁2大匙

作法

1　所有甜椒切細條;去骨雞腿洗淨後擦乾水分,以調味料A拌勻,醃漬4小時待入味,備用。

2　取一湯鍋,加入適量水煮滾,放入材料B燙熟,撈起瀝乾水分。

3　將入味的雞腿放入烤盤,放入預熱的烤箱,以上火180℃、下火180℃,烤12分鐘至熟。

4　取出雞腿,切塊後盛盤,搭配材料B一起食用即可。

Tips

・烤雞腿上火及下火溫度需一致。

海鮮紅麴酒釀蒸蛋

材料 | 2人份

A
蛋2顆

B
蝦仁15公克
花枝15公克
烏參20公克

調味料

A
鹽1/2小匙
紅麴酒釀3大匙

作法

1 花枝、烏參去除內臟，全部洗淨後切丁。
2 取一湯鍋，加入適量水煮滾，放入材料B，以中火煮約30秒至熟，撈出後泡入冷水冷卻，取出備用。
3 蛋打散後分裝於耐蒸容器，各加入100cc水，加入鹽，用打蛋器拌開，再加入汆燙過的材料B。
4 電鍋外鍋加入水120cc，放入作法3材料，蒸至開關跳起，打開鍋蓋，加入紅麴酒釀，再蒸1分鐘即可。

Tips

· 蒸蛋以小火蒸，將使口感滑嫩且不會造成表面出現孔洞。

119.6
大卡

懷孕後期營養

烏參的膠質讓皮膚更有彈性，低脂肪的花枝、蝦仁讓蒸蛋的鮮甜口感加分，加上紅麴酒釀的特殊香氣，是外面餐廳吃不到的手作創意料理。

蒜香豆豉拌鮮蚵

材料 | **2人份**

A

蒜苗30公克
牡蠣200公克

調味料

A

豆豉3公克
醬油膏3大匙
細砂糖1小匙
香油1小匙

作法

1　取一湯鍋，加入水煮滾，放入蒜苗，以中火煮3分鐘，再加入牡蠣，轉小火煮1分鐘，撈出後濾乾水分。

2　將調味料A放入大碗，攪拌均勻，加入煮熟的牡蠣拌勻即可。

Tips

·以小火煮牡蠣，且時間不宜太長，才不會造成牡蠣肉縮小。

136.8
大卡

懷孕後期營養

高蛋白的牡蠣有鋅、硒、鐵及維生素E，參與身體抗氧化、酵素作用及核酸、蛋白質的合成；經由豆豉及蒜苗的調合，海鮮腥味昇華為鮮味，讓營養與好吃和平共存，滿足味蕾享受。

雞湯菇菌西滷肉

材料｜2人份

A

大白菜180公克
金針菇15公克
鮮香菇10公克
柳松菇15公克
豬肉30公克

B

雞骨100公克
紅蘿蔔3公克
青蔥10公克
香菜3公克

調味料

A

鹽1小匙
白胡椒粉1/4小匙

作法

1. 雞骨洗淨。鍋中倒入600cc水煮滾，放入雞骨，以小火煮40分鐘，濾除雞骨即為雞湯備用。

2. 大白菜、鮮香菇、紅蘿蔔、豬肉切絲；香菜切小段；青蔥切蔥花，備用。

3. 鍋中加入適量水煮滾，放入材料A，以中火汆燙過。

4. 鍋中加入30公克沙拉油，炒香青蔥，加入燙過的材料A，再倒入雞高湯、紅蘿蔔絲，以中火煮滾。

5. 轉小火續煮5分鐘，加入調味料A及香菜即可。

Tips

· 烹調過程中轉小火，才能讓食材吸入雞高湯，加點白醋可以讓雞骨中的鈣質釋放更完全。

46.1 大卡

懷孕後期營養

西滷肉是運用大量鮮蔬、菇類的宜蘭特色料理，鮮甜的湯頭搭配胡椒、香菜，讓人食指大動；自製的雞湯堪比高價的雞精，減了濃縮、加工的味道，多了天然胺基酸的營養，是媽咪們不能錯過的料理。

香煎合鴨紅酒醬

材料 | **2人份**

A

鴨胸肉180公克
玉米筍30公克
鮮香菇10公克

B

月桂葉1片
綠卷西生菜0.2公克

調味料

A

葡萄紅酒6大匙
細砂糖1大匙
梅林辣醬油10公克

作法

1 玉米筍、鮮香菇放入滾水，以中火燙熟，取出瀝乾水分備用。

2 取一平底鍋，鴨肉皮朝下放入鍋中，以中火煎約2分鐘再翻面，轉小火，蓋鍋蓋，煎約8分鐘至金黃色。

3 取出鴨排，切厚片，盛盤，再將玉米筍及鮮香菇放在鴨排上。

4 取一平底鍋，加入調味科A、月桂葉，以小火煮3分鐘，淋於鴨排，放上綠卷西生菜即可。

Tips

· 運用鍋內煎好的鴨排肉汁製作醬汁，滋味非常鮮美。

100.8
大卡

懷孕後期營養

鴨肉的鐵質其實與牛肉相比並不遑多讓，小火煎烤可以逼出多餘的鴨肉脂肪，並增添香氣；而玉米筍、鮮香菇、西生菜是天然的增強免疫蔬菜；喜歡水果的媽咪們也可以試試如水蜜桃、愛文芒果等來搭配。

蕃茄薑絲牛肉湯

231.2
大卡

懷孕後期營養

蕃茄、蕃茄醬中的茄紅素是近年當紅的抗氧化明星，還有防止紫外線傷害的好處；而洋蔥可以避免血糖快速上升及降低膽固醇的作用，其中的植物酵素還能讓牛肉肉質軟嫩。

鳳梨珊瑚草甜湯

113
大卡

懷孕後期營養

鳳梨有幫助消化的鳳梨酵素，適量食用可以舒緩脹氣；珊瑚草則富含可溶性纖維，能幫助平衡血糖，穩定情緒並改善便秘，是媽咪們輕食甜湯佳選。

材料 | **2人份**

A

蕃茄60公克
牛肉150公克
洋蔥50公克

B

生薑5公克
香菜5公克

調味料

A

蕃茄醬2大匙
鹽1/4小匙
細砂糖1大匙

B

橄欖油1大匙

作法

1　蕃茄、洋蔥切小塊；生薑切絲；香菜切小段；牛肉切片，全部食材備用。

2　取橄欖油入鍋，以小火炒香洋蔥約1分鐘，倒入500cc水，轉小火慢煮蕃茄20分鐘。

3　加入調味料A，再加入牛肉片續煮30秒，加入薑絲及香菜即可熄火。

Tips

‧牛肉不要太早加，待湯煮完成時再加入，可保持肉質軟嫩度。

材料 | **2人份**

A

珊瑚草80公克
鳳梨60公克
枸杞3公克

調味料

A

冰糖3大匙

作法

1　珊瑚草洗淨，切2公分小段，泡水4小時；鳳梨切小丁，全部食材備用。

2　鍋內加入400cc水煮滾，加入珊瑚草，以小火煮20分鐘。

3　加入枸杞煮1分鐘，熄火，待甜湯冷卻，加入鳳梨即可食用。

Tips

‧珊瑚草先泡軟，烹煮時較快融化。

‧可至超市購買鳳梨罐頭，加入甜湯中，味道會更棒。

黃金松子泡芙

材料 | 2人份

A

沙拉油125cc

水75cc

B

高筋麵粉95公克

蛋3顆

C

地瓜80公克

熟松子5公克

作法

1. 材料A放入鋼盆，混合拌勻，以中火煮沸，加入高筋麵粉，轉文火繼續煮20秒，離火降溫到約60℃，將蛋分三次加入拌勻成麵糊。

2. 麵糊裝入擠花袋，在烤盤上擠成一個約4公分圓形大小麵糊，約可擠15份。

3. 放入以200℃預熱的烤箱，烤約15分鐘，再調整溫度為上火150℃、下火180℃，續烤10～15分鐘。

4. 取出烤盤，待冷卻，在每個泡芙皮上端，橫剖一刀不斷備用。

5. 地瓜洗淨，去皮後切塊，放入烤箱，以200℃烤熟，趁熱搗成泥，拌入松子，再填入泡芙皮中即可。

204.8
大卡

Tips

· 未吃完的泡芙皮可以冷凍，待下次回溫食用，麵包店現購較為便利，也可以用巧巴達、全麥吐司、法國麵包等取代。

· 水分多、清甜的紅心地瓜搭配泡芙皮口感會較濕潤；黃地瓜則偏乾、香鬆，可以添加少許低脂沙拉或優格調整。

懷孕後期營養

泡芙皮以較無膽固醇負擔的沙拉油取代奶油，而地瓜潤腸通便，營養豐富又香甜可口，還可以搭配蘋果、山藥、玉米粒或蔓越莓乾等來增加不同的變化。

雪花椰香芋頭糕

材料 | **2人份**

A

糯米粉30公克
樹薯粉30公克
低脂鮮奶60cc
冰糖8公克

B

去皮芋頭60公克
椰子粉5公克

作法

1 芋頭去皮後刨絲備用。

2 將材料A放入調理盆，混合
均勻，倒入長盤容器，抹
平，以大火蒸60分鐘，燜20
分鐘。

3 取出後待涼，切塊，表面裹
上椰子粉即可。

Tips

・蒸製前以保鮮膜密封完整，可以
避免鍋頂水蒸氣滴下，而影響芋
頭糕口感。

・椰漿可以取代鮮奶；芋頭糕冰過
後口感更佳。

151.3
大卡

懷孕後期營養

芋頭中性的口感宜甜宜鹹，口味
多變；因為高纖維、高鉀而有鬆
弛緊繃情緒、平衡血壓與補充體
力的額外效益，是後期孕媽咪情
緒舒緩的輕鬆好料理。

Part 5

坐月子調理

0～40天安心期

媽咪寶貝共同成長記事

娃娃踢啊踢的，終於找出門道了。準媽咪卸了貨，還沒來得及對肚子那圈「ㄅㄨㄞ ㄅㄨㄞ」的游泳圈悲傷春秋，就先面臨維持腹部水球壓成棒球的任務，對新手媽咪來說，真是雪上加霜的功課啊！

第一週的媽咪，有產後痛及胎盤殘留組織、血塊排除的狀況，產前水腫嚴重的媽咪，前2週體重下降會較迅速。而剛出生的寶寶，泡泡的眼睛有點張不開、小小的鼻孔有時會因為分泌物而老是呼嚕呼嚕的呼吸，皮膚可能會帶著黃膽；體重則因為水分、攝食量不多的狀況而小幅下降，媽咪們不用太擔心。

營養管理計畫

產後30天，是媽咪調養體質的重要關鍵，媽咪們千萬別操之過急，要以身體修養、補氣養血、子宮及器官恢復為要，以免影響體質及母奶品質。這階段飲食強調足夠的瘦肉、魚肉及雞肉；適量植物性油脂，例如：苦茶油、麻油；與全穀根莖類，來幫寶寶免疫力打基礎，還要避免過多鹽分及寒涼屬性食材來替自己強化體質。活動則以子宮恢復與器官歸位為重心來執行辣媽養成前部曲。

產婦營養加倍小奇兵

蛋白質

因應寶貝生長發育需求，媽咪們可以攝取低脂蛋白質食材，以促進乳汁分泌的食材來強化攝取，可提升免疫力，建議量約65公克。

寶貝身高	寶貝體重
公分	公克
剛出生	~50	~3000

〔寶貝成長狀況〕

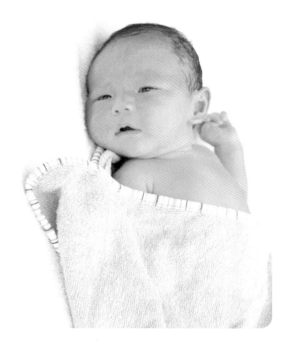

嚴選優質素材

低脂鮮奶、無糖黃豆漿、豆腐、無糖黑豆漿；海鮮（例如：鱸魚、吻子魚、鯛魚、干貝、蝦、淡菜貝）；雞腿、烏骨雞、豬肝、豬腱肉等。

水分

因應母乳及月子時期大量水分的流失，2000cc已經不敷媽咪們所需，可以大量低鹽分或無鹽湯品、中藥飲，小口飲用來達到水分的需求。

產婦解渴飲品

養肝茶：去籽紅棗7顆，水滾後轉文火烹調飲用即可。

觀音飲：適量荔枝殼，水滾後轉文火烹調飲用即可。

養氣月子水：正北耆、枸杞與去籽紅棗，水滾後轉文火烹調飲用。

杜仲黃精飲：杜仲、黃精洗淨，水滾後轉文火烹調飲用，滋補養顏。

薑母茶：老薑洗淨、拍扁後熬煮飲用；可加少量黑糖提升口感，並幫助血液代謝循環。

Point

一定要喝生化湯嗎？

生化湯包含當歸、川芎、丹參、紅花及桃仁等生血化瘀藥材，主要作用在排除惡露，現況產後多有使用子宮收縮劑，嚴格來說，並不需要生化湯的輔助。當然，在婆婆媽媽的關切下飲用也無可厚非，一般在產後第3天至第5天開始服用，一日一帖，連續5到10帖即可，特別適合體質虛寒、惡露不順、腹痛不止的媽咪們；要小心的是，如果傷口感染、發炎或產生腹瀉、腸胃不舒服的狀況，則需暫停使用。

	熱量	蛋白質	葉酸	維生素C	維生素D	維生素E	鐵	碘	鋅	硒
單位	大卡	公克	微克	毫克	毫克	微克	毫克	毫克	毫克	毫克
基本量	～1600	～50	400	100	5	12	12	140	12	50
增加量	500	15	100	40	5	3	30	110	3	20

〔坐月子所需營養素〕

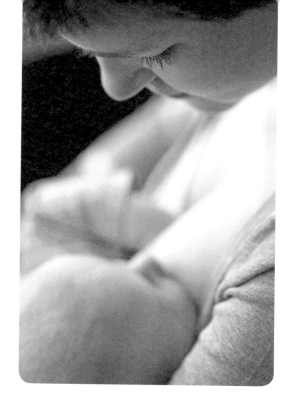

體重管理計畫：每週減0.5公斤為宜

因為胎兒、胎盤、羊水的排出，體重減少約5公斤，接著向全母乳哺育挑戰，體重建議以每週減0.5公斤的目標前進。

Point

坐月子嚴選優質低卡食材

紅鳳菜、地瓜葉、萵苣、高麗菜、蘑菇、絲瓜、老薑、九層塔、香菜、無油雞湯（雞精）、鱸魚、魚湯、薏仁、花豆、百合、蓮子、杜仲、枸杞、青木瓜。

Point

麻油熱量會不會太高？

適量食用可以幫助子宮收縮與排除惡露，通常在第二週後使用，如果有便秘、痔瘡的媽咪們則可以苦茶油替換食用。

生活照護計畫

大自然的恩賜：ㄋㄟㄋㄟ保衛戰

天然ㄟ尚好！「母乳」，對寶寶來說，除了因應各成長階段的需求之外，還能增加免疫力、減少過敏及促進親子關係；對媽咪來說，可以幫助熱量的消耗、子宮收縮、降低乳癌卵巢癌機率與減少經濟負擔；這些都是制式化配方奶粉無可取代的，因此媽咪們一定要朝「全母乳哺育」的目標努力，把握著這最強

效「吃吃喝喝不會胖」的瘦身良機。

剛開始如果ㄋㄟㄋㄟ未暢通時，先別急著進補湯湯水水，以免加劇前方不通、後方淤塞，連舉手都痛的石頭奶，可以按摩胸部佐以冰鎮高麗菜葉舒緩腫痛，並攝取卵磷脂來幫助乳腺疏通。

乳腺暢通後，源源不絕的奶水來自於足夠原料、健康母體及啟動開關；原料是充足的水分與熱量、蛋白質；而泌乳工廠就是媽咪們的身體，睡眠與休息充分可以讓備戰狀態的設備隨時上工；至於啟動關鍵泌乳激素，除了每次「吸光光」，聽聽娃娃哭聲、彎腰擠奶、熱水沖後背及放鬆，都可以刺激ㄋㄟㄋㄟ的釋出。媽咪吃夠了、睡飽了、寶寶吸多了，就能成功追奶。

催奶撇步需對症下藥

睡眠不足的媽咪們可以試試補氣血的紅豆紫米粥、黃耆紅棗茶飲等；少吃肉的媽咪們則增加豆漿、牛奶或鮮乳等高蛋白食材；秉持這樣的原則，個人除了前一個月需要求助於發奶食品與卵磷脂之外，之後正常飲食到阿布豆約2歲都還能維持日產1000cc的充足奶量。以下有幾種催乳解方供媽咪們參考。

高蛋白湯品飲品

　　黃耆烏骨雞湯、鱸魚湯、枸杞蝦、青木瓜燉排骨、無糖豆漿、黑豆燒排骨、黃豆及鮮乳等；海鮮類催乳效果快，但是對蝦蟹過敏的媽咪們則必須避免。

泌乳茶

　　白米、圓糯米、萵苣籽（A菜籽）、甘草粉熬煮後的濃稠飲品，可以添加低脂鮮奶加熱飲用，口感更柔醇；沒有時間調理的媽咪們也可以到醫院詢問洽購。

黑麥汁

　　飲用1瓶後可以強化1～2次泌乳量，建議每天攝取1～2瓶。

中藥茶

　　通草、王不留行，可熬煮成茶飲，或添加於湯品飲用。

其他

　　市售哺乳草本茶、啤酒酵母、茴香、紅豆、百香果汁或柑橘類果汁，或其他酸甜果汁等。

NO！ㄋㄟ ㄋㄟ不要停！

　　媽咪生活忙碌，睡眠不足、壓力大會影響ㄋㄟ ㄋㄟ產量，要小心避免。

媽咪生病

　　餵奶期間因為中暑就讓自己奶量打了對折好幾天，所以媽咪們千萬記得要保持身體在最佳狀態。

擠奶頻率減少

　　如果經常忽略脹奶的警訊，尤其是泌乳激素旺盛的夜間時段；或哺乳時經常未將餘乳清空，身體接收到產量過多的通知，會自行減少分泌量來對應現況，也是職業媽咪們沒時間擠奶而停止哺乳的主因。

斷奶地雷

　　如人參、麥芽、韭菜、花椒、薄荷及相關產品等，現代媽咪們較容易誤觸的地雷是麥芽相關製品，因為麥芽的特殊香氣，廣泛運用在飲料及糕餅甜點類，自己就曾經因為每天一大杯古早味紅茶，而讓ㄋㄟ ㄋㄟ悄悄的減量。

主食材	人參	麥芽	韭菜
相關產品	人參茶、人參雞精、人參雞湯等。	阿華田、麥香紅茶、部分抹茶奶綠、可可、鮮奶茶飲品、牛軋糖、麥芽米香等。	韭菜盒、水煎包、韭菜水餃等。

〔讓奶量減少的食物〕

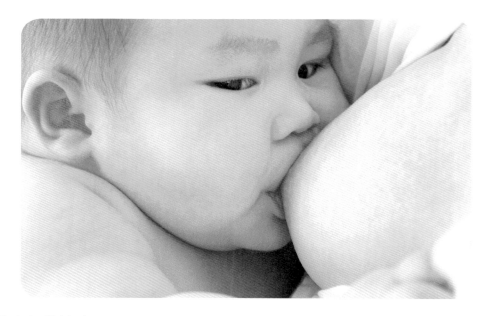

準媽咪必備法寶

束腹帶或彈性繃帶

通常長度約10公尺、寬約20公分,使用方式為媽咪躺下後屈腿提臀,由恥骨往上纏繞約12圈到胸線下,再以安全別針固定,藉由局部的壓力減輕傷口疼痛,還能幫助內臟復位,避免下腹突出,讓媽咪們較有力量使用背部、腹部肌肉群。自然產生完就可以使用,剖腹則需在傷口較好之後,通常建議一天束縛8小時直到滿月,相較於化纖、不透氣且容易將器官下壓的魔鬼氈束腹帶,更容易幫下垂的腹部往上推提。

材質	優點	缺點
棉布	輕柔、舒適、不容易過敏。	較容易跑位或捲起。
紗布	材質較硬,壓力較平均。	皮膚刺激。

〔 束腹帶材質優缺點比較 〕

腹部緊實霜

子宮忽然間由籃球大小縮為棒球大小,瞬間皮膚回縮容易變成沙皮狗般的千層派,因此需要滋潤及按摩,有助於減少皮膚紋路並增加彈性。

擠奶器

雙手萬能,尤其是ㄋㄟ ㄋㄟ需要疏通時,自己當初因為無法忍受阿布豆吃奶的力氣,都以擠出瓶餵的方式供應,剛開始阻塞時僅能以雙手慢慢疏導,擠奶器派上用場後,覺得這設計簡直讓人的感動想流淚,不但空出

許多時間陪寶寶了,手腕也如釋重負。

一般來說,電動單邊擠乳器單價較低,約1000元左右,雖然較利於攜帶,但是吸力弱、耗時長,而且品質不一,用過的三個,一個比蚊子的吸力還弱,連轉送他人都覺得尷尬;另一個在每天6~8次密集操勞下,在上工的第30天過勞陣亡;最後一個OK的漢堡機卻要比雙邊擠奶器多花3倍時間,差很大。而雙邊擠奶器價格約5000元左右,雖然較大、較重而不易攜帶,但是對人工擠奶、手腕扭到過的媽咪來說,只有一個字「讚」!

當然，機器推陳出新之下，目前市面有1～2萬的雙邊擠乳器，克服重量與龐大的缺點，而且母乳不會回流污染軟管。如果不確定有長期需求，可用租借的方式使用，較不會有花了大錢，卻英雄無用武之地的困境。

Point

擠奶器配件小叮嚀

吸乳罩可以選擇有內部加壓設計，但最好在機器吸力的同時，搭配手部加壓，可以更完全釋出。活塞及軟管每次擠乳後要以細長毛刷或尖刷將轉角、細部清潔乾淨，否則皮垢卡住後會影響吸力並滋生病菌。白色薄膜不同品牌厚薄度不同，薄的較容易破；最好多2個隨時備用。集乳瓶市售商品大多設計200cc左右PP塑膠瓶，清潔時選擇海綿刷，可以避免刮痕，需適時汰舊；其實，普通口徑奶瓶也可以直接扣上集乳，消毒方便且減少一道換瓶程序，降低污染的機率。

〔 直接以奶瓶集乳 〕

〔 配件：活塞、白色薄膜 〕

乳腺炎 OUT ！

乳腺炎是ㄋㄟ ㄋㄟ「紅腫熱痛」且身體發燒、酸軟的狀況，大多是因為沒有定時擠乳，造成淤塞、硬塊進而產生發炎的狀況。因此媽咪們產後不論日夜，剛開始約4小時要清空一次，再慢慢拉長到6～8小時，每次擠奶要輔以手推清空，萬一摸到ㄋㄟ ㄋㄟ有局部硬塊時要用手指輔助揉圈推開，「通則不痛」，否則真到發炎發燒時，可會造成大大的遺憾。

坐月子調理禁制

告別孕媽咪的閉關修練期，藉著這4～6週的修養讓撐大的子宮恢復原狀，雖然有的限制非常不人道，但秉持這古法傳承之道，確實在許多媽咪身上得到好的印證，也是東方媽咪相較於西方媽咪們不顯老的凍齡妙方。因此現代媽咪們可以轉個彎取其利並避其害，來爭取提高生活品質的福利。

不能洗頭洗澡

對現代媽咪來說應該是非常不可能吧！尤其是夏天，對於喝母奶的寶寶也是件很可怕的事情。用意在於避免產後虛弱的媽咪會受風寒而落下病根，折衷之道是先請家人熬煮老薑水來清潔身體及頭髮，清潔時維持浴室環境的溫暖，並在最短時間擦乾身體、吹乾頭髮，既不易受寒，也可免於汗臭或生癬之苦。

清潔用薑水DIY

取5公斤老薑，不去皮洗淨拍碎後，放入綿袋或過濾豆漿的紗布袋；另備一大鍋水，煮沸後加入老薑，以文火熬煮10分鐘後，降到約50℃時即可以取毛巾擦拭身體，避開臉部及會陰，以免嗆辣不適，也可以使用藥浴包、大風草水擦拭。

市售媽咪髮寶

凝膠或水狀，噴於頭髮梳理後，讓媽咪頭皮較清爽。

不能吹風

產後毛細孔收縮能力較弱，因此要避免身體受寒涼而造成日後頭痛、腰痠背痛問題，夏季期間可以開空調維持25～28℃室溫來維持環境的舒適，但不悶熱時還是要打開窗戶讓室內空氣流通。

不提重物、抱孩子

不提重物、抱孩子、彎腰或下蹲，孕期賀爾蒙變化會讓骨盆腔較鬆，因此要避免下腹肌肉韌帶尚未恢復完全前不適當的壓力，預防日後子宮脫垂或內臟下垂等後遺症。

不食寒涼食物

生菜、冰飲、苦瓜、冬瓜、西瓜、椰子水等，容易造成惡露淤阻，將不利於產後器官恢復。

不喝水

水是月子期間的違禁品，湯品也僅能以全酒烹調，老一輩甚至連粥、牛奶及果汁都會說NO！因為擔心日後會有風濕病、神經痛、內臟下垂等後果，不過這樣的飲食不但越吃越渴，還會加劇便秘的狀況。媽咪們可試著攝取蘋果、葡萄等溫熱性水果，以薑、枸杞等食材煮水來改變寒涼屬性，這樣才能讓身體解渴零負擔。

準爹地貼心照護媽咪

為寶寶正名

無論需考量族譜、算筆劃、五行、紫微、八字……等，再怎麼琢磨，也要記得在滿月前報戶口，並拿著戶口名簿幫老婆到公司請假。

事先了解新生兒反射動作

包含尋乳吸吮、作夢會哭也會笑、驚嚇反應、手握拳時顫抖及踏步反射等，都是期間限定的寶寶專利，會在腦部成熟後消失；其中最可愛的是尋乳，頭會像貓頭鷹般左右尋覓，超卡哇伊！最讓人手足無措則是驚嚇反應了，記得兒子當時每隔30分鐘就來一次標準作業流程：張大眼、大口喘氣、雙手上抬、驚聲嚎哭，搞得全家夜不能眠，僅能求助民間收驚療法；但不論是驚嚇還是驚喜，爹地可要好好記錄保存每一刻，會是日後論當年最美好的回憶！

了解嬰兒哭聲與分擔照護

因為寶寶還不會說話，爹地們多聽聽寶寶的哭聲，學著判斷是肚子餓、屁屁不舒服、肚子脹、無聊了、抱抱？這些都有不同的音調喔！這時的媽咪因為還處於諸事不宜的階段，爹地們可以藉機好好發揮之前修練的寶寶洗澡、安撫、臍帶消毒等照護技巧，來減輕媽咪的負擔。

處理滿月相關事宜

確認彌月蛋糕或油飯數量與發放、運送事宜，若能搭配寶寶出生照一起送給親友，將倍感溫馨。

偷渡老婆大人的月子期禁品

孕婦很麻煩，老實說，產婦也不惶多讓，可是準爹地們千萬要體諒，因為這時候媽咪們的禁制多的讓人抓狂，不能「看電視、看書」，最過份的是不能滑手機；不能碰水，頭皮癢到要長蟲子也只能刷乾癢；不能彎腰、抱小孩、不能站著喝水；肚子要綁的比木乃伊還緊，熱到爆也不能吹風等，因此，爹地如果能滿足準媽咪的小小叛逆願望，是預防產後憂鬱的最佳解方喔！

嬰幼兒副食品，吃對長得好

相信每位媽媽跟自家那隻紅通通、濕膩膩的小子Say Hello的瞬間，心中充斥的絕對是滿滿的感動，之後這紅嬰從毛毛蟲般軟嫩、到牙牙學語、會爬能站的每一刻，一顰一笑都讓人喜悅，但是營養上如何配合寶寶活動量的日趨增加、腦部發育及身體快速生長的需求，來奠定未來健康茁壯的地基，是普天下爸爸媽媽們都該從頭修習的營養學分。

生命初體驗副食品

初生寶寶基本上可以由母奶或配方奶得到需要的營養，所以食慾、生長曲線都正常的寶寶，並不需要多此一舉的提供開水、果汁、葡萄糖水甚至維他命等食物，反而會影響正常食慾及營養需求，增加腸胃、腎臟負擔，提高感染、污染的機會；6個月之後隨著娃娃「一眠大一吋」的進展，「奶」這唯一的食物來源會無法趕上成長的需求，尤其是鐵質、鈣質及維生素等。

如果以生理表現來觀察的話，大約在體重為出生兩倍，或可以趴著撐起頭部、喜歡吃手、對食物表現出高度興趣時，就可以慢慢開始嚐試搭配如水果、蔬菜、米麩、麥麩等副食品來作為「斷奶」前的準備，包含將母奶轉變為其他食品，從奶瓶轉變為杯盤匙碗、從吸允改為咀嚼、吞嚥等，一方面因應奶水營養素的不足，另方面也訓練寶寶神經肌肉的學習，並適應固態飲食的過渡時期。

家有過敏兒

　　有過敏體質的娃娃胃腸還沒成熟前比較容易因為「異類蛋白」而過敏，避免過早接觸副食品是最基本的，至少要六個月之後才能開始做離乳訓練。食物的選擇則可以先由低致敏性的嬰兒米粉開始，蛋黃於七、八個月大時嚐試，高致敏的蛋白、麥、堅果、海鮮等則可以在10個月～1歲後再慢慢加入。當然，居家環境的清潔也不能忽略，才能杜絕過敏原危機。

副食品添加有撇步

　　這階段的食物必須因應寶寶的牙齒發育、吞嚥能力及消化器官而有不同的階段性型態，開始時大多是果汁、蔬菜汁、米湯般的液體狀，進展到長牙時果菜泥、肉泥、粥般的泥糊狀，再漸漸嚐試軟飯、肉末等細粒軟質的固體食物。

慢慢增加份量

　　除了質地的改變之外，供應份量與種類也必須循序漸進，先嚐試一種食物，由1小匙開始練習，1～2湯匙慢慢增加，每次都要仔細觀察寶寶腸胃及皮膚，如果沒有腹瀉、便秘、脹氣、嘔吐、皮膚紅癢或紅疹狀況發生，再試不同的新食材。一般都是由2倍稀釋的新鮮果汁、菜汁開始，再進展到稀飯、麵條、吐司及豆魚肉蛋類等；而試過4～5種食材之後，就可以將食材混合運用，例如：南瓜肉末粥、杏菜吻仔魚麵線等。

餐具挑選

　　餐具也要列入考量，除了適用、好看之外，因為寶寶剛開始手部抓握能力還不能夠順利運用，再加上經常隨心所欲來個我丟你撿小遊戲，不會摔破的材質是必要條件；當然，信譽優良的廠牌也非常重要，以避免油脂、酸性及溫度造成器具中化學物質的溶出現象。

天然 A 尚好，離乳食品製作原則

自己製作或現成加工品的副食品各有利弊，當然，在營養師的觀點還是希望媽媽們可以DIY，一來可以變化更多元的營養元素，二來也可以避免錯誤加工品的選擇、或不當儲存而造成寶寶身體的負擔；自行製作時又需注意下列幾點：

食物安全

寶寶免疫力較弱，因此製作前都要確保器具、雙手及食材之新鮮乾淨及衛生。

溫度適當

加熱後食物必須回溫後再供應，特別是以微波爐復熱時，要小心加熱不均勻造成寶寶較細嫩的口腔、腸胃道黏膜受傷。

濃稠度適當

避免食物過乾黏或稠，會讓吞嚥功能還不完全的寶寶嗆到。

食材無添加

最重要的是要直接使用天然、新鮮的食材，不要以成人的口感來添加糖、鹽、醬油、炒菜湯汁、味精等調味，以免造成寶寶日後偏食、喜歡重口味的狀況。

水果類副食品

當季水果如蘋果、梨子、葡萄及葡萄等洗淨去皮後，可以湯匙、紗布等方式濾擠出湯汁，再以兩倍量冷開水稀釋；果泥則可以選擇熟軟的水果，如木瓜、哈密瓜、蘋果等，以小湯匙刮取餵食。

供應營養素與叮嚀

供應維生素A、C、水分、膳食纖維。在蔬果當道的時代，許多媽媽總以為果汁中的維

他命C可以讓寶寶增加免疫力而無限制攝取，反而因為過多的糖分造成腹瀉、脹氣或提早蛀牙；此外，寶寶1歲前還要小心不要使用蜂蜜提升口感，因為蜂蜜除了加工過程可能受污染之外，蜂蜜本身的病菌也會讓腸道菌叢還不健全的寶寶無法承受。

全穀根莖類副食品

馬鈴薯、南瓜、豌豆、地瓜等根莖類，洗淨後切小片蒸熟，加適量水分壓泥，調整稠度後以湯匙餵食。

供應營養素與叮嚀

供應醣類、蛋白質、維生素B1、維生素B2（未精緻穀類）。寶寶長牙練習以手就口時，也可以烤地瓜條、馬鈴薯條或吐司條替代米餅，是較天然又營養的另類優質選擇。

蔬菜類副食品

綠色蔬菜嫩葉、紅蘿蔔、高麗菜洗淨煮熟後切碎或磨成泥食用，也可以加入粥、麵點中食用。

供應營養素與叮嚀

供應維生素A、C、礦物質、膳食纖維。

豆魚肉蛋類副食品

運用細絞肉、豆腐、無刺軟嫩的魚肉、蛋黃或雞肝、豬肝等，加熱煮熟烹調完後調整成寶寶適口形態餵食。

〔 肉末燒豆腐 〕

供應營養素與叮嚀

供應蛋白質、脂肪、鐵、鈣、維生素A。

挑食有解方：營養百解憂

面對寶寶的拒食或挑食絕對是新手父母必過的關卡，發現這種狀況時，先不要過度強迫攝取，以免造成寶寶更大的反彈之外，可以運用些小技巧幫助寶寶飲食的均衡。

粉身碎骨法

有些寶寶不喜歡胡蘿蔔或某些蔬菜的味道，所以可以將食材壓成泥末後，加入嬰兒米粉中，或混入絞肉、製作成肉丸子、餛飩等成品中，都可以增加寶寶的接受度。

〔 蔬菜丸子、飯丸子 〕

避重就輕法

可以利用香甜的水果壓過特殊的蔬菜味，或是以洋蔥、梅汁的甜味去除魚類的腥味等，避免寶寶專注在不喜歡的味道上。

改頭換面法

將米飯轉變成多變化的海苔卷、飯丸子，或將食材以卡通圖案、花朵或動物造型來引起嚐鮮的動機。

循循善誘法

除了家長以身做則讓寶寶經常看到之外，偶爾以獎勵的方式鼓勵吃一、兩口，也能漸漸降低寶寶的抗拒感。

最後，也要提醒爸爸媽媽們，千萬要堅守住均衡營養、天然多元的原則，不要經常屈服於寶寶哭鬧威脅之下，才能讓未來的幼苗內外兼修、健康茁壯。

菠菜芝麻煎干貝

148.8
大卡

材料 | 2人份

A

鮮干貝4粒
白芝麻3公克
中筋麵粉5公克
菠菜150公克

調味料

A

醬油2大匙
細砂糖1小匙
芝麻醬1大匙

B

沙拉油5公克

作法

1　鍋內加入水煮滾，放入干貝，蓋上鍋蓋，熄火後浸泡5分鐘，撈出干貝，擦乾水分後沾麵粉備用。

2　用平底鍋加入沙拉油熱鍋，放入干貝，以小火煎干貝至金黃色，翻面煎至兩面上色備用。

3　鍋內加入適量水煮滾，放入菠菜燙熟，撈出後瀝乾水分，盛盤。

4　將干貝放在菠菜上，淋上拌勻的調味料A即可。

Tips

‧鮮干貝用滾水泡煮方式，肉質較軟嫩。

坐月子調理營養

菠菜的維生素A可以改善夜視調節不佳的狀況，根部富含鈣與鐵質，因此處理時將廢棄減到最低可以保存較多營養素；芝麻則有大量鈣質、維生素E及多元不飽和脂肪酸；是一道營養全方位的健康料理。

鮮奶油野菇煎蝦排

材料 | **2人份**

A

海蝦160公克
鮮香菇20公克
雪白菇20公克

B

中筋麵粉10公克
香菜5公克

調味料

A

鹽1/4小匙
白酒3大匙
細砂糖1小匙
鮮奶3大匙

B

無鹽奶油20公克

作法

1 鮮香菇切片。鍋內放入適量
   水煮滾，放入鮮香菇及雪白
   菇煮熟，撈出後瀝乾水分，
   備用。

2 海蝦剖半開背，取出沙腸，
   洗淨後擦乾水分，均勻沾上
   中筋麵粉備用。

3 平底鍋加入奶油，放入海
   蝦，以中火煎1分鐘，翻面
   後續煎1分鐘至變色，取出
   後盛盤。

4 再放入鮮香菇、雪白菇續煎
   至熟，加入調味料A炒勻，
   盛盤，撒上香菜即可。

Tips

· 煎海蝦時沾少許麵粉，可封住蝦
  的原汁，更為鮮美。

160.3
大卡

坐月子調理營養

鮮蝦有符合人體需求的必需胺基
酸，菇類則有微量元素及提升免
疫力的抗氧化素、多醣體，適合
產後月子調理期間食用。

紅麴烤梅花肉

材料 | 2人份

A

梅花肉150公克
蒜苗30公克
紅辣椒3公克

調味料

A

紅麴醬4大匙
蒜泥2小匙

作法

1 梅花肉切成厚度2公分片，
  以調味料A醃漬3小時待入味
  備用。
2 蒜苗、紅辣椒切絲，泡冰水
  備用。
3 將梅花肉放入已預熱的烤
  箱，以170℃烤15分鐘至熟
  即可。

Tips

．梅花肉醃調味料A達3小時以上，
  會更入味好吃。

258.2
大卡

坐月子調理營養

紅糟由糯米、紅麴跟米酒製作而
成，有潤腸溫胃，活血去瘀，降
低膽固醇的效果，還能幫助月子
期媽咪們的代謝更加順暢，搭配
雞肉、豬肉調理都很適宜。

馬告蒸魚排

材料 | **2人份**

A

鯛魚排180公克
山胡椒8公克
生薑20公克

B

青蔥30公克

調味料

A

醬油3大匙
米酒2大匙
細砂糖1小匙

作法

1 青蔥切蔥花；生薑切薑絲，
  備用。

2 鍋中加入適量水煮滾，放入
  魚排汆燙，撈出後洗淨，盛
  於耐蒸盤，放薑絲、山胡
  椒，淋上調味料A。

3 電鍋外鍋加入水240cc，放
  入作法2材料，蒸至開關跳
  起，打開鍋蓋，撒上蔥花，
  蓋上鍋蓋，續蒸1分鐘即可
  取出食用。

Tips

・以大火煮魚排，能讓肉汁不流
  失，鎖住鮮味。

92.6
大卡

坐月子調理營餐

高蛋白低脂肪的鯛魚片富含菸鹼
酸，協助腦細胞及神經系統運
作，肉質細緻而適合腸胃消化功
能還未完全恢復的剖腹媽咪們食
用；而山胡椒、蔥、薑及米酒則
能去腥提味，怕腥味的媽咪們也
可試試鯰魚排。

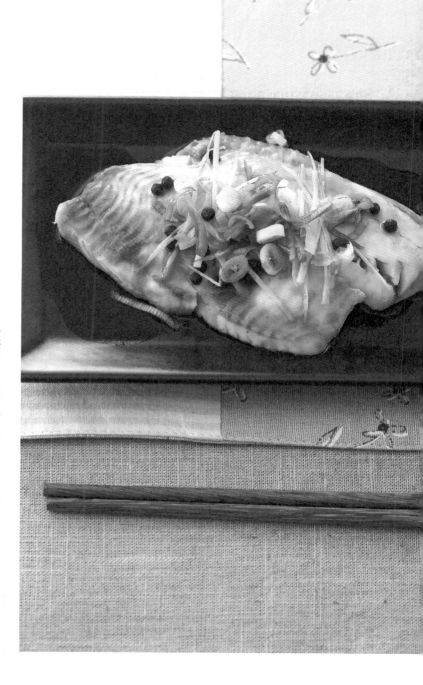

枸杞麻油皇宮菜

96
大卡

坐月子調理營養

皇宮菜因為性屬溫平、高鈣、高鐵，常與胡麻油搭配廣用於月子餐；因其黏液而有滋潤養陰、顧胃之説；口感較不討喜，取短梗可以減少粗硬纖維口感，較能增加接受度。

薑絲塔香蒸淡菜

146
大卡

坐月子調理營養

淡菜味甘性溫，富含必須胺基酸、礦物質與微量元素，有「海中雞蛋」之稱；中醫上特別推薦給氣血不足、產後血結、腹寒腰痛的媽咪們食用。

材料 | **2人份**

A

皇宮菜300公克
生薑10公克
枸杞3公克

調味料

A

鹽1/2小匙
細砂糖1/4小匙
米酒1大匙

B

沙拉油10公克
胡麻油15公克

作法

1   皇宮菜洗淨；生薑切絲；枸杞泡米酒5分鐘，備用。

2   鍋中倒入胡麻油，以小火炒薑絲後，加入皇宮菜、枸杞及調味料A，以中火炒軟熟即可。

Tips

・炒皇宮菜時可蓋上鍋蓋，能使蔬菜甜味不流失。

材料 | **2人份**

A

淡菜貝160公克
板豆腐100公克
生薑20公克
九層塔10公克
蒜苗20公克
紅辣椒5公克

調味料

A

鹽1/2小匙
米酒2大匙
香油2大匙
細砂糖1/4小匙

作法

1   生薑切絲；蒜苗、紅辣椒切末，備用。

2   豆腐切長3公分厚片，擺於耐蒸盤，將淡菜洗淨後鋪於豆腐上備用。

3   將作法1材料、調味料A拌勻，淋於淡菜上。

4   電鍋外鍋加入水240cc，放入作法3材料，蒸至開關跳起即可取出。

Tips

・也可以用蒸籠蒸淡菜，但以大火為佳，將香料逼出香氣，能使食材更有味道。

雙椒鮮菇烏骨雞湯

101.4
大卡

坐月子調理營養

烏骨雞非常適合產後體虛血虧者，相對於肉雞來說，口感細緻，少了脂肪及膽固醇，多了鐵質，有提升生理機能、凍齡抗衰老的效果。

紅豆桂圓湯

200.5
大卡

坐月子調理營養

紅豆有通乳、消水腫及補血效果，還有豐富的維生素B1、鐵質，幫助能量代謝與舒緩疲勞；陳皮則能健脾補氣，其中的鹽分還能避免攝取紅豆造成腸胃飽脹的狀況。

材料 ｜ **2人份**

A

烏骨雞150公克
杏鮑菇30公克
柳松菇20公克

調味料

A

鹽1/2小匙
米酒1大匙
黑胡椒粒2公克
白胡椒粒4公克

作法

1　烏骨雞切塊，放入滾水，以小火汆燙2分鐘後取出洗淨，放入耐蒸大碗內。

2　杏鮑菇切塊，與柳松菇一起放入作法1大碗內，加入調味料A，倒入400cc水，以保鮮膜封好，放入電鍋。

3　電鍋外鍋加入水240cc，放入作法2材料，蒸至開關跳起即可取出。

Tips
‧黑、白胡椒粒先乾炒再蒸，其湯頭將更鮮美。

材料 ｜ **2人份**

A

紅豆60公克
陳皮3公克

調味料

A

桂圓10公克
黑糖3大匙

作法

1　紅豆洗淨，泡水4小時；桂圓洗淨，備用。

2　鍋內加入500cc水，放入紅豆、陳皮，以小火煮15分鐘。

3　再加入桂圓，續煮10分鐘，最後加入黑糖拌至溶解即可。

Tips
‧紅豆先泡水，才能縮短烹調時間。

黑糖杏仁薄餅

材料 | **2人份**

A

蛋白1顆
黑糖10公克

B

植物油10公克
低筋麵粉10公克
杏仁片30公克

作法

1. 蛋白、黑糖放入調理盆，攪拌至糖溶解，依序加入植物油、過篩的低筋麵粉及杏仁片後拌勻，靜置30分鐘。

2. 將杏仁麵糊平均分成8片於烤盤紙上，手沾水後將杏仁麵糊表面抹平。

3. 再放入已預熱的烤箱，以150℃烤15～20分鐘至糖蜜色即可。

Tips

· 麵糊厚度要一致，以免過焦與未熟並存的狀況。

· 鋁箔紙、不銹鋼盤都會沾黏麵糊，一定要使用不沾烤盤，或烤盤鋪一張專用烤盤紙。

186.2
大卡

坐月子調理營養

少了奶油，多了清爽，更加健康；而屬堅果類的杏仁有單元不飽和脂肪酸、鎂、鉀及維生素E等，其中的維生素E更是出類拔萃，在保護血管、維護心臟健康及抗老、抗氧化各方面扮演重要的角色。

薑汁黑糖麻糬

材料 | **2人份**

A

糯米粉100公克
黑糖40公克
生薑30公克

B

沙拉油10公克

作法

1 糯米粉放入調理盆；生薑切薄片，備用。

2 鍋中加入350cc水，放入薑片，以小火煮約15分鐘，撈出薑片，留薑湯備用。

3 取薑湯150cc煮黑糖至滾，再沖入作法1，取桿麵棍將糯米粉攪拌均勻，至無顆粒狀，盛於深盤。

4 電鍋外鍋加入水150cc，放入作法3材料，蒸至開關跳起，將麵糰翻面，外鍋加入水150cc，續蒸15分鐘至麻糬膨脹即可。

5 取大碗，抹少許沙拉油，將蒸好的麻糬移入大碗，蓋上保鮮膜待涼即可。

Tips

· 麻糬可拌少許花生粉一起吃，增加風味。

· 黑糖水煮滾後，需立即沖進糯米粉拌勻，呈現糊狀再蒸。

255
大卡

坐月子調理營養

黑糖性溫，有豐富的鐵質、鈣質及多種微量元素，在中醫更有整腸經胃、幫助惡露排除的效果，與糯米相輔相成，是月子期間的必備甜品。

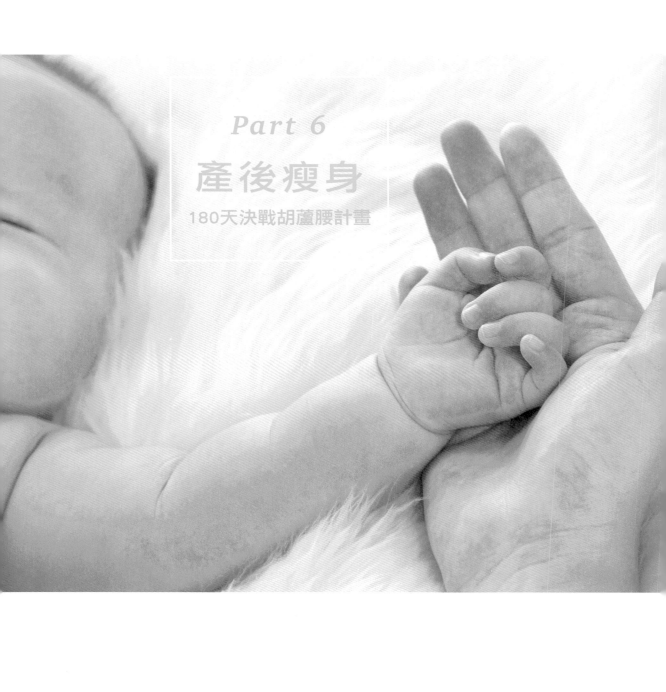

Part 6

產後瘦身

180天決戰胡蘆腰計畫

媽咪寶貝共同成長記事

新手媽咪將非常忙碌，生活不是屎尿，就是餵奶，連睡眠都可以說是奢侈的。但是除肉務盡，革命尚未成功，媽咪們千萬要把握這180天的黃金代謝階段。

寶寶0～2個月時喜歡看著媽咪的臉，手腳活動漸趨靈活，頭可以微微抬起；三個月，說話啊咕、啊咕的，可以辨別顏色跟形狀了，尤其喜歡黑白；四個月終於烏龜翻身，準備朝爬行目標邁進，也更會認人怕生囉；五個月，喜歡研究手腳、流口水；六個月，開始發牙，ㄋㄟㄋㄟ也要漸漸轉變成配角，飲食要強化鐵質的副食品補充。

營養管理計畫

這階段依然處於高代謝率，飲食上媽咪們務必選擇低卡高營養密度的食物，並記得持續均衡、健康的飲食型態，讓產後比產前更健康喔！

辣媽營養加倍小奇兵

膳食纖維

這階段的纖維扮演著呷飽低卡的角色，可以滿足月子期間媽咪們被撐大的胃口，又不容易增加體重的負擔，建議量為25～35公克。

嚴選優質素材

蔬菜（例如：玉米筍、山粉圓、素腰花、木耳、菇類）；水果（例如：奇異果、石榴、百香果、芭樂、紅心芭樂等；全穀根莖如糙米、燕麥、牛蒡、蓮子等）；豆類（例如：花豆、紅豆、綠豆、米豆、黑豆、黃豆、毛豆等）。

	身高（公分）		體重（公斤）	
	男寶寶	女寶寶	男寶寶	女寶寶
第二個月	55～61	53～61	4.3～7	4～6.5
第三個月	56～64	56～64	5～8	4.5～7.5
第四個月	58～66	58～66	5.5～8.5	5～8
第五個月	60～68	60～68	6～9.2	5.5～8.5
第六個月	61.5～70	61.5～70	6.3～9.8	5.8～9.2

〔民國98年新版兒童生長曲線3～97百分位〕

維生素 C

可以幫助鐵質的吸收，並吸收轉化為膠原蛋白，建議量為100（無哺乳）～140（哺乳）毫克。

嚴選優質素材

木瓜、芭樂、聖女蕃茄、草莓及柑橘類水果；綠豆芽、蘆筍、甜椒，花椰菜等。

維生素 B 群

幫助能量的代謝。

嚴選優質素材

啤酒酵母粉、胚芽粉、芝麻粉、雜糧、百合，及綠色蔬菜（例如：小黃瓜等）。

鈣質

研究顯示足量天然的鈣質有利於體重的控制，建議量為1000毫克。

嚴選優質素材

牛奶、優酪乳、起司、優格、可連骨吃下的魚類（例如：沙丁魚、小魚乾、帶骨魚、乾蝦米、牡蠣等）；植物性則以豆腐、豆干、紫菜、黑芝麻、莧菜、芥藍菜等深綠色蔬菜為富含食材。

坐完月子期，媽咪們也過完了蜜月，可以仔細照照鏡子，並且量量體脂肪與腰臀圍，找出身體多出來的違章建築，透過規律的飲食、全身協同局部運動與戒除不良生活習慣，例如：宵夜、彎腰駝背等來戰勝肥胖。

Point

生活小習慣，瘦身大幫忙

每天攝取2000cc以上溫熱、無熱量湯飲，例如：檸檬水、南非國寶茶、決明子等；全身運動30～60分鐘，局部強化10～20分鐘；晚上7點後不再攝食。

史上無敵瘦身餐

熱量建議控制於每公斤體重20～25大卡左右，例如：60公斤的媽咪，相當於每天需要1200～1500大卡左右，平均分配於三餐中，可以參考下列菜單，運用食物份量來做種類的替換。

等體重達到目標值，飲食以均衡為主，盡量減少糖、油、鹽用量太多的餐點，並增加纖維與多變化食物種類，每天30分鐘全身性運動如快走、有氧運動，相信體重控制非難事。

Point

產後瘦身嚴選優質低卡食材

蒟蒻、白木耳、黑木耳、無糖燕窩、芭樂、雞胸肉、烏骨雞、蝦、花枝。

餐次	範例
早餐	地瓜150～200公克+低脂起司1片+腰果5顆（或瘦肉粥1碗） 飲品：熱無糖高纖豆漿500cc 營養品：維生素B群1顆
午餐	市售便當 不挑油炸及加工品菜式，例如：滷/烤雞或蒸魚；飯吃一半，一定要有綠色蔬菜。
午點	紅心芭樂或泰國芭樂1顆 飲品：無糖決明子飲

餐次	範例
晚餐	海陸小火鍋 雞里肌60公克+魚片30公克 糙米飯100公克或玉米1/2根 菇類蔬菜100公克 海帶類蔬菜50公克 其他類蔬菜50公克 十全高湯底不限制
晚點	熱鮮奶茶1杯（或低脂鮮奶240cc+南非國寶茶1包+代糖）+小香蕉1根+魚油1顆

〔史上無敵瘦身餐〕

生活照護計畫

過完月子，媽咪們要開始上緊發條了，三高，NO！每日健走30分鐘，GO！但要小心避免過於躁進，尤其是腹部加壓動作，如仰臥起坐或不當使用束腹帶，反而會造成骨盆腔鬆弛、下腹突出及日後容易漏尿的狀況；自然產媽咪可以於產後約3天開始嘗試如伸展、胸部、頭頸部或凱格爾等緩和運動，剖腹產則需等延遲1～2週到器官慢慢歸位，再慢慢增加運動時間及強度，除了每天30分鐘如快走、有氧等全身性運動之外，需抽出時間柔軟筋骨，打擊局部脂肪囤積部位避免「孕味猶存」。

準媽咪必備法寶

全身式調整型內衣

建議請專業人員來量身設計，依身材隨時修正，才能雕塑成最佳狀態。

瘦身霜

藉由按摩來幫助局部血液循環，避免脂肪的囤積。

瑜珈磚、繩、球

配合需消滅身體「肉團」部位，選擇適合的道具協助。

退奶停看聽

哺乳難，經歷過的媽咪們一定清楚停奶也不簡單；因此決定回歸職場並放棄餵奶的媽咪們，要有「天又要降大任」的心理準備，以循循善誘的方式來讓自己退奶，將退奶的不適降到最低。

退奶小撇步

夜間不餵奶，並盡量延長擠乳時間，脹痛到無法忍受時，可以擠出些許來舒緩壓力。減少高蛋白飲湯品，如豆漿、牛奶、魚湯、藥燉排骨、紅棗雞湯等。一天一碗茶油拌韭菜及無糖退奶飲如麥茶、麥香紅茶、參茶等。

體態緊實計劃：甩掉肉鬆

泡芙肚

動作一的仰臥起坐是針對上腹，動作二則是強化全腹。

動作一

身體平躺、雙手交疊於頭後或胸前，吐氣到底後，腹部用力提高身體約30度仰臥起坐，深度5個呼吸後放下，重複10～15次。

動作二

身體平躺，雙手放兩側，吐氣後雙手、雙腳同步向上提高，身體呈現約45度角V字型，停滯8秒後放鬆，持續10～15次。

〔動作一〕　〔動作二〕

蝴蝶袖

訓練手臂下肌肉緊實，避免鬆垮與橘皮組織。

動作一

雙腳與肩同寬，雙手各拿600cc礦泉水平舉，前後翻轉約3分鐘。

動作二

站或坐姿皆可，右手拿600cc寶特瓶，貼耳朵向上舉，左手支撐右手腋下；右上臂不動，前臂向頭後方彎曲90度，連續10～15次；換邊。

〔動作一、二〕

布袋ㄋㄟ

主要作用為強化肌肉與緊實，避免胸部軟化與下垂。

動作一

雙手於背後交握，挺胸後向上抬到最高，停滯5個呼吸後再放下。

動作二

雙手雙腳呈現跪姿，雙手以伏地挺身姿勢下壓到接近地面，停滯5個呼吸後放鬆，持續5分鐘。

〔動作一〕〔動作二〕

〔動作一〕　　　　　　　　〔動作二〕

水桶腰

強化兩邊腰部肌肉，減少游泳圈厚度。

動作一

雙腳與肩同寬，一手放後腰，另一手向上伸展到最高後，順勢向耳朵方向加壓、彎腰到底後，閉氣5秒後吸氣回復，重複10～15次。

動作二

身體平躺後右腳向腹部屈膝，左手放右膝外側，吐氣後右膝向左壓到地面，頭部右轉，持續5個呼吸後吸氣，膝蓋帶回，換邊後繼續。

〔動作一〕

水滴臀

可以美化因為久坐久站、地心引力所造成的臀部下垂。

動作一

面向椅子雙手扶椅背，一腳支撐，另一腳向後踢高到底，屏息微停後再放下，左右重複約5分鐘；也可以配合彈力帶使用。

動作二

雙腳打開約兩肩寬，雙膝微蹲，臀部於空中畫8字，正反方向重複約5分鐘。

〔動作一〕

大象腿

針對腿部內側贅肉而強化。

動作一

身體先平躺，雙手支撐於後腰，雙腳向身體正上方用力提上，於空中踏腳踏車，正反向輪續約5分鐘。

動作二

身體平躺後，小腿屈起，大腿用力夾住瑜珈磚，下腹內壓吐氣到底後，臀部用力向內夾提臀到最高位置，深度5個呼吸後放下，重複10～15次。

準爹地貼心照護媽咪

了解兒童發展，陪著寶寶成長

爹地這樣說：小布豆，以前覺得你娘老是愛亂花錢；現在走進商店，卻總想著哪個東西適合自家小傢伙，花的不比你娘少；看著你翻身、長牙、會坐會爬、走路、童言童語，不管發展是快還是慢，看到你健康、無敵的笑容，就覺得這一生的甘苦，似乎都只為了咱家小布豆了。

帶著寶寶預防接種

預防勝於治療，記得小布豆4個月生病第一次被上點滴針之際，哭的是他媽咪，因此爹地要幫忙記得帶寶貝施打基本的預防接種之外，肺炎鏈球菌及口服輪狀病毒也別忘記。

彩椒香蔥烤鰻魚

172.2
大卡

材料 | 2人份

A

鰻魚片200公克

B

紅甜椒15公克
黃甜椒15公克
青蔥15公克
洋蔥60公克

調味料

A

照燒醬4大匙

作法

1　鰻魚片洗淨，切塊，排入耐蒸盤。

2　紅甜椒、黃甜椒切小丁；青蔥切蔥花；洋蔥切絲泡冰水10分鐘，再換冰水泡20分鐘瀝乾水分，備用。

3　電鍋外鍋加入水240cc，放入鰻魚片，蒸至開關跳起即可取出。

4　將鰻魚片抹上照燒醬，放入已預熱的烤箱，以上火180℃、下火180℃烤5分鐘，再鋪上紅甜椒丁、黃甜椒丁及蔥花，續烤2分鐘即可取出。

Tips

・鰻魚先蒸再烤，鰻魚肉才會軟。

・照燒醬可至超市購買。

產後瘦身營養

鰻魚肉質細緻，容易消化吸收，其中DHA、維生素A、E還可以補充腦部、眼睛及皮膚所需的營養，透過哺乳讓寶寶腦部細胞發育更健全，是攝取一小口、營養一大步的好料理。

百合蘆筍拌素腰花

材料 | **2人份**

A

新鮮百合20公克
蘆筍80公克
素腰花100公克
紅甜椒20公克

調味料

A

鹽1/2小匙
胡麻油1小匙
黑胡椒粒1/4小匙

作法

1　蘆筍削皮,切段後洗淨;紅
　甜椒切絲,備用。

2　鍋內加入適量水,放入材料
　A,以大火煮3分鐘後取出,
　放入大碗,加入調味料A拌
　勻即可盛盤。

Tips

・煮蘆筍可加鍋蓋,蓋上會使蘆筍
　更加清脆。

51.4
大卡

產後瘦身營養

百合養心安神,甜可以煮粥、甜
湯,鹹可以與蔬菜、海鮮或肉片
搭配;蘆筍、腰花及甜椒都是低
卡高纖維及營養密度高的蔬菜,
是名符其實的瘦身餐點。

五味黃瓜中卷

51.5
大卡

產後瘦身營養

脂肪含量低於1%的中卷可以說是極低卡食材，同樣重量下熱量為瘦肉的三分之一，其中牛磺酸算是血管保護因子，反而不會有膽固醇的負擔。

薑絲紅麴腱子肉

121
大卡

產後瘦身營養

腱子肉屬豬肉類脂肪偏低的部位，富含女性所需的鐵質，紅麴調味還能幫助身體脂肪代謝，薑可以說是「食物調理香水」，還能祛風邪，改善女性的寒涼體質作用。

材料｜**2人份**

A

中卷140公克
生薑20公克
小黃瓜80公克

調味料

A

蕃茄醬2大匙
細砂糖1小匙
白醋1小匙
醬油膏2小匙

作法

1　生薑切細末；小黃瓜洗淨切片；中卷洗淨去除內臟，備用。

2　鍋內加入適量水煮滾，放入中卷，以中火煮1分鐘，熄火，浸泡3分鐘，取出中卷，切成圓圈狀。

3　將小黃瓜擺盤，放上中卷，淋上拌勻的調味料A、生薑末即可食用。

Tips

‧煮中卷先開中火，熄火浸泡3分鐘能保有鮮甜肉質。

材料｜**2人份**

A

豬腱子肉200公克
生薑10公克
青蔥10公克

調味料

A

紅麴醬2大匙
蒜泥5公克

作法

1　豬腱子肉洗乾淨，以調味料A醃漬4小時。

2　生薑、青蔥切絲，泡水後撈出，備用。

3　將豬腱子肉放入已預熱的烤箱，以上火160℃、下火150℃烤18分鐘，取出切片，盛盤，搭配生薑絲食用。

Tips

‧腱子肉烤完成時，烤盤會有肉汁，取肉汁淋上腱子肉更為美味。

繡球干貝燉雞湯

170.3
大卡

產後瘦身營養

海鮮、豬肉與雞肉中的必需胺基酸交織出鮮甜的湯頭,搭配寬冬粉、金針菇就是均衡不發胖又有飽足感的低卡瘦身餐。

材料 | **2 人份**

A

乾干貝5公克
青蔥20公克
雞腿肉120公克

B

蝦仁20公克
豬絞肉80公克
花枝漿20公克

調味料

A

白胡椒粉1/4小匙
細砂糖1/2小匙
太白粉1小匙

B

鹽1/4小匙
米酒2小匙

作法

1　鍋中加入480cc水,放入干貝,以小火煮1分鐘,燜30分鐘,撈出後剝成絲備用。

2　青蔥切蔥花;蝦仁去腸泥後剁碎,與材料B、調味料A攪拌至有黏性,用手掌上虎口擠成圓球形,再裹上干貝絲即為繡球干貝。

3　電鍋外鍋加入水200cc,放入繡球干貝,蒸至開關跳起,取出裝入耐蒸大碗。

4　加入調味料B及雞高湯,封上保鮮膜,放入電鍋,外鍋加入水200cc,續蒸至開關跳起,撒上蔥花即可。

Tips

‧泡干貝的湯可以跟雞湯一起燉,繡球更美味。

蝦仁蒸燒賣

材料 | **2人份**

A

蝦仁100公克
豬絞肉50公克
馬蹄30公克

B

燒賣皮4張
（40公克）

調味料

A

鹽1/4小匙
太白粉1小匙
細砂糖1/2小匙
白胡椒粉1/4小匙

作法

1　蝦仁去腸泥，洗淨後取擦手
　　紙吸乾水分。

2　將材料A攪拌均勻至有黏
　　性，再加入調味料A拌勻即
　　為餡料。

3　每一張燒賣皮分別包入適量
　　餡料，利用手掌虎口包成燒
　　賣狀，餡料表面再壓平密
　　實，排列於鋪濕紗布的耐蒸
　　盤備用。

4　電鍋外鍋加入水240cc，放
　　入燒賣，蒸至開關跳起即可
　　取出。

Tips

· 蒸燒賣記得盤子要鋪一層濕紗
　布，燒賣皮才不會破。

123.9
大卡

產後瘦身營養

滿滿的蝦仁與瘦絞肉，是外邊買
不到料好實在的低卡燒賣；馬蹄
清甜爽口，可以清熱消暑，國外
研究還提到有抗病毒、降血壓的
效果。

紅棗人參燉水梨

材料｜2人份

A

水梨120公克
紅棗4粒
人參鬚3公克
白木耳5公克

B

水300cc

調味料

A

冰糖3大匙

作法

1 白木耳洗淨，泡65℃熱水30分鐘備用。

2 水梨去皮後切塊；紅棗洗淨；人參鬚及白木耳放入耐蒸碗，加入冰糖、水備用。

3 電鍋外鍋加入240cc水，將作法2材料放入電鍋，按下開關蒸煮約25分鐘至開關跳起即可。

Tips

・白木耳先泡入65℃熱水，可節省燉煮時間。

150.2
大卡

產後瘦身營養

人參鬚屬涼補食材，有增強體力、提升免疫力效果，持續餵奶的媽咪們可以替換成黃耆、枸杞，以免造成退奶狀況。水梨、白木耳則能清熱化痰，保養喉嚨，增加飽食感。

芝香鮮乳雪花糕

材料｜**2人份**

A

低脂鮮奶170cc

冰糖9公克

果凍粉3公克

水40cc

玉米粉16公克

B

黑芝麻粉1小匙

作法

1　將水、玉米粉先拌勻。

2　冰糖、果凍粉混合均勻，加入鮮奶煮沸後，加入作法1材料，攪拌均勻。

3　持續攪拌至凝膠狀態，以中火煮30秒離火，再盛入耐熱烤盤，待涼。

4　放入冰箱冷藏約2小時定型，扣出後切片，再沾裹一層黑芝麻粉即可。

Tips

· 芝麻粉可以花生粉、椰子粉、黃豆粉替代，變化不同風味。

· 以1/3份量鮮奶油取代鮮奶，口感更香滑，可以給成長中的孩子或家人享用。

119.3
大卡

產後瘦身營養

黑芝麻與鮮奶的鈣質可以增加骨本、預防骨質流失；而其中醣類、鈣質及色胺酸還有穩定情緒、協助放鬆的好處，是瘦身期間小吃怡情的午茶好選擇。

二魚文化　健康廚房 H054

養胎不養肉瘦孕坐月子

作　　　者	黃雅慧、陳楷曄、何一明
食譜攝影	林宗億
文字圖片	二魚文化、黃雅慧
編輯主任	葉菁燕
文字整理	燕湘綺
美術設計	費得貞
行銷企劃	洪仔青
讀者服務	詹淑真

出 版 者	二魚文化事業有限公司
	地址　106 臺北市大安區和平東路一段 121 號 3 樓之 2
	網址　www.2-fishes.com
	電話　(02)23515288
	傳真　(02)23518061
	郵政劃撥帳號 19625599
	劃撥戶名　二魚文化事業有限公司
法律顧問	林鈺雄律師事務所

總 經 銷	大和書報圖書股份有限公司
	電話　(02)89902588
	傳真　(02)22901658

製版印刷	彩峰造藝印像股份有限公司
初版一刷	二〇一四年四月
I S B N	978-986-5813-25-3
定　　價	三四〇元

國家圖書館出版品預行編目資料

養胎不養肉瘦孕坐月子/黃雅慧、陳楷曄、何一
明　合著.
- 初版. -- 臺北市：二魚文化, 2014.4
120面；18.5×24.5公分. -- (健康廚房；H054)
ISBN　978-986-5813-25-3

1.懷孕 2.健康飲食 3.食譜 4.婦女健康

429.12　　　　　　　　　　　　　103004056

二魚文化　讀者回函卡　　讀者服務專線：（02）23515288

感謝您購買此書，為了更貼近讀者的需求，出版您想閱讀的書籍，請撥冗填寫回函卡，二魚將不定時提供您最新出版訊息、優惠活動通知。

若有寶貴的建議，也歡迎您 e-mail 至 2fishes@2-fishes.com，我們會更加努力，謝謝！

姓名：＿＿＿＿＿＿＿＿＿＿　性別：□男　□女　職業：＿＿＿＿＿＿＿＿

出生日期：西元 ＿＿＿＿ 年 ＿＿ 月 ＿＿ 日　E-mail：＿＿＿＿＿＿＿＿＿＿＿＿＿＿＿＿＿＿＿＿＿

地址：□□□□□ ＿＿＿＿＿ 縣市 ＿＿＿＿＿＿ 鄉鎮市區 ＿＿＿＿＿＿ 路街 ＿＿＿ 段 ＿＿＿

巷 ＿＿＿ 弄 ＿＿＿ 號 ＿＿＿ 樓

電話：（市內）＿＿＿＿＿＿＿＿＿＿　（手機）＿＿＿＿＿＿＿＿＿＿＿＿

1. 您從哪裡得知本書的訊息？

□逛書店時　　　　　　　　　　　□看報紙（報名：＿＿＿＿＿＿＿）

□逛便利商店時　　　　　　　　　□聽廣播（電臺：＿＿＿＿＿＿＿）

□上量販店時　　　　　　　　　　□看電視（節目：＿＿＿＿＿＿＿）

□朋友強力推薦　　　　　　　　　□其他地方，是 ＿＿＿＿＿＿＿＿＿

□網路書店（站名：＿＿＿＿＿＿＿）

2. 您在哪裡買到這本書？

□書店，哪一家 ＿＿＿＿＿＿＿＿＿　　　□網路書店，哪一家 ＿＿＿＿＿＿＿

□量販店，哪一家 ＿＿＿＿＿＿＿＿　　　□其他 ＿＿＿＿＿＿＿＿＿＿＿＿＿

□便利商店，哪一家 ＿＿＿＿＿＿＿

3. 您買這本書時，有沒有折扣或是減價？

□有，折扣或是買的價格是 ＿＿＿＿＿＿＿＿

□沒有

4. 這本書哪些地方吸引您？（可複選）

□主題剛好是您需要的　　　　　　□有許多實用資訊

□是您喜歡的作者　　　　　　　　□版面設計很漂亮

□食譜品項是您想學的　　　　　　□攝影技術很優質

□有重點步驟圖　　　　　　　　　□您是二魚的忠實讀者

5. 哪些主題是您感興趣的？（可複選）

□快速料理　□經典中國菜　□素食西餐　□醃漬菜　□西式醬料　□日本料理　□異國點心　□電鍋菜　□烹調秘笈
□咖啡　□餅乾　□蛋糕　□麵包　□中式點心　□瘦身食譜　□嬰幼兒飲食　□體質調整　□抗癌　□四季養生
□其他主題，如：＿＿＿＿＿＿＿＿＿＿＿＿＿＿＿＿＿＿＿

6. 對於本書，您希望哪些地方再加強？或其他寶貴意見？

＿＿＿＿＿＿＿＿＿＿＿＿＿＿＿＿＿＿＿＿＿＿＿＿＿＿＿＿＿＿＿＿＿＿＿＿＿＿＿

＿＿＿＿＿＿＿＿＿＿＿＿＿＿＿＿＿＿＿＿＿＿＿＿＿＿＿＿＿＿＿＿＿＿＿＿＿＿＿

106 臺北市大安區和平東路一段 121 號 3 樓之 2

二魚文化事業有限公司 收

請沿線剪下後，對折以膠帶黏貼，免貼郵票，直接投入郵筒寄回！

H054　　養胎不養肉瘦孕坐月子

健康廚房系列

HealthCare

●姓名

●地址